大学科普丛书

第一辑 潘复生主编

Captives of Delphi

德尔斐的囚徒

从苏格拉底到爱因斯坦

李轻舟◎著

科学出版社

北京

内 容 简 介

从苏格拉底到爱因斯坦，自然哲学或物理学的演化史是一条思想的河流。本书选取物理学演化史上激动人心的片段，将这些富有戏剧性的碎片串联起来，在宏大的时空尺度上，将物理学上的大事件淋漓尽致地展现在读者面前。细观《德尔斐的囚徒》一书，我们能得以把握从苏格拉底到爱因斯坦这2000多年间西方智慧的发展，尤其是物理学的深层脉络。作者用诗意的语言，向我们娓娓道来其“与往圣精神相交流”的个人体验，其行文可谓一字一珠玑，一句一典故。

图书在版编目(CIP)数据

德尔斐的囚徒：从苏格拉底到爱因斯坦 / 李轻舟著. —北京：科学出版社，2017.11

（大学科普丛书）

ISBN 978-7-03-052334-1

I. ①德… II. ①李… III. ①物理学史－世界－普及读物 IV. ①O4-091

中国版本图书馆 CIP 数据核字（2017）第052418号

丛书策划：侯俊琳

责任编辑：张 莉 张翠霞 / 责任校对：张小霞

责任印制：赵 博 / 封面设计：有道文化

科学出版社 出版

北京东黄城根北街16号

邮政编码：100717

http://www.sciencep.com

天津市新科印刷有限公司印刷

科学出版社发行 各地新华书店经销

*

2018年1月第 一 版 开本：720×1000 1/16

2025年11月第五次印刷 印张：16 1/2

字数：240 000

定价：58.00 元

（如有印装质量问题，我社负责调换）

总　序

人类历史是一部探索自然和社会发展规律的编年史。无论是混沌朦胧的原始社会，还是文明开化的现代社会，人类对自身的所处所在都充满了与生俱来的天然好奇心。在历史发展的长河中，通过不断地传承、质疑、探索、扬弃，人类在认知自我、认知自然、认知社会的过程中集聚了强大的思想动能，为凸显人类理性光辉、丰富人类精神生活、推动人类社会持续进步提供了有力的精神武器。科学，作为运用范畴、定理、定律等形式反映现实世界各种现象的本质、特性、关系和规律的知识体系，既可以解释已知的事实，也可以预言未知的新的事实，在人类文明发展中始终扮演着重要的角色，随着人类对未知世界深入探索，在当今以至未来社会，科学知识的普及和传播必将发挥越来越重要的作用！

2016年5月30日，习近平总书记在全国科技创新大会、两院院士大会、中国科学技术协会第九次全国代表大会上发表重要讲话，提出了“到新中国成立100年时使我国成为世界科技强国”的奋斗目标。总书记还强调，“科技创新、科学普及是实现创新发展的两翼，要把科学普及放在与科技创新同等重要的位置。没有全民科学素质普遍提高，就难以建立起宏大的高素质创新大军，难以实现科技成果快速转化。希望广大科技工作者以提高全民科学素质为己任，把普及科学知识、弘扬科学精神、传播科学思想、倡导科学方法作为义不容辞的责任，在全社会推动形成讲科学、爱科学、学科学、用科学的良好氛围，使蕴藏在亿万人民中间的创新智慧充分释放、创新力量充分涌流。”从中可以看出：科学普及不仅是推动经济发展、提升公民科学素养的必要手段，而且也应该成为高等院校和科研机构服务社会的重要职责。

在当前国内科普图书市场上，原创科普佳作依然难得一见，广受关注和好评的还多数是引进版，这与我国科研水平快速提升的现状极不相称。近年来，科学普及受到全球各国政府、社会组织以及公众的高度重视，形成了快速发展态势，科学普及工作也有了很多新的变化。在现代科学传播理念的指引下，科学普及既要关注科学的产生、形成、发展及其演变规律，包括人类认识自然和改造自然的历史；也要关注自然界的一般规律、科学技术活动的基本方法和科学技术与社会的相互作用等问题。科学普及不仅要传播自然科学和人文社会科学知识，更要积极引导公众在德、智、体、美等方面的全面发展。因此，需要不断创新，务求实效。

由重庆市科学技术协会主管、重庆市大学科学传播研究会主办、面向全国的《大学科普》杂志，自 2007 年创刊以来，始终以“普及科学知识，创新科学方法，传播科学思想，弘扬科学精神，恪守科学道德”为己任，致力于推动大学与社会的结合，通过组织全国科学家解读科学发现和技术发明，创作高水平的科普文章和开展丰富多彩的科普活动，激发公众的科学热情，传播科学精神和创新精神，在全国科普界独树一帜，影响深远，为提升全民科学素养做出了积极的贡献。

十年磨一剑，砺得梅花香。《大学科普》杂志围绕广受公众关注的科技话题，通过严谨而细致的长期打磨，积累了丰富的高校科普资源，全国一大批科技工作者由此走上科普创作之路，在此基础上，组织一套原创科普佳作可谓水到渠成。科学出版社对科普工作高度重视，双方经过一年多的合作策划，形成了明确的丛书组织思路，汇集了全国众多来自高等院校和科教机构的优秀科普专家，以科学技术史、科技哲学、科学学、教育学和传播学等学科为支撑，将自然科学、工程技术科学和人文社会科学等融合传播，力求带给读者全新的科学阅读体验，真正起到激发科学热情、传播科学思想、弘扬科学精神的作用。在此，我们也热忱期待有更多科学家和科普工作者加入这一行列，为全民科学素养的提升、为国家创新发展贡献出智慧和力量！

中国工程院　院　士
中国材料研究学会　理事长　李元元
吉林大学　校　长
2017 年 3 月 20 日

哲人礼赞

（代序）

李轻舟先生嘱我为其大作《德尔斐的囚徒：从苏格拉底到爱因斯坦》作序，因为倍感荣幸，当时未做多想就欣然应允了。等到仔细读完这篇引经据典、谈古论今、文采飞扬的隽永文字后，不由得为之倾倒，倾倒之后就是后悔。作者既然有胆量将古今西方贤哲聚于一坛咏之叹之，这礼赞的篇章果然有大开大合、经天纬地的气象。其文也，为句语出多种，叙事层次交叠，文字清新不妨意味深长、伏脉千里偏能一以贯之。这样的作品，口头褒以文思跌宕、玉铎金声、咳唾成珠之陈词那是容易，如何能凑出一篇不让作者“悻悻然而有悔意”的序可就愁煞人了！故而某沉吟两月有余，未着一字。只是如今后悔为时已晚，遂只得勉力搪塞，且将粗布缀锦。昔晋人览后辈才俊，有“珠玉在侧，觉我形秽”之说，此诚谓某此刻心之惴惴者也。

知晓李轻舟先生的大名，是在虚拟空间。前岁某日在虚拟空间闲逛，偶然误入一个名为“惟心书院”的博客空间。博客以“惟心书院”为名，背景图片选取爱因斯坦与哥德尔踽踽而行的背影，由这博客页面之雅深，可以想见作者其人定然不俗——或许这位仁兄也唯心地推崇“少数孤独、不朽的背影”？及至看了几篇博文，发现其俨然“有正始之音”，深为作者的博学多识而折服，遂心生攀风之意。匆匆具书往邀莅临敝处讲学，幸得其应允，数日后迎来一翩翩青年文士，仿佛再现苏格兰皇家科学院曾见马车送来一穿花格子呢 14 岁少年之往事。初见之下，年轻人略显羞赧，然睥睨之态却也不能够掩饰干净。及其登坛论道，侃侃而谈，一通《坂の上の雲》纵论西人科学风之东渐，旁征博引而又见解独到，一时间举座皆惊。坦白地说，他毫不费力地就证明了我读书太少。

《德尔斐的囚徒：从苏格拉底到爱因斯坦》一书，愚以为，是一曲真诚的哲人礼赞，既有对哲人的讴歌，也有对人类智识脉线的梳理。彼哲人者，人类中特立独行的、爱智慧的人们（φιλόσοφος，philosopher）也，他们热爱自然（φύσις，physis）遂有了physics（物理学），努力做聪明人（μαθηματικός, mathematician）该做的事而有了mathematics（数学），他们的思考带来了人类的繁荣、富足与欢乐。西方科学，肇始自约2600年前希腊哲人泰勒斯某日认识到世界是可以认识的，而后有了数学，而后经亚里士多德有了物理学和后物理学（metaphysics，即形而上学），形而上学经普鲁士人康德抽去其神学的内容而有了哲学。西方智慧——最终归结为用数学和物理形式表达的对自然的理解——自希腊而入罗马帝国，后来在意大利复兴往北越过奥地利、瑞士、德国、法国等国而至英伦三岛，再往后扩散至俄国、美国，到近代影响了全球。欲学自然科学者，能将此脉线，精神的脉线，了然于胸，或能收事半功倍之效。能将2600年间数学、物理与哲学的深刻思想脉络梳理清楚的人，在西方当代学者中是如罗素、庞加莱、彭罗斯之流才能做到的。这一类的著作，西文中不多见，在中文世界中恕某鄙陋更未尝曾见。但是，思想的脉络，愚以为，却是科学教育之最重要的内容，也是吾国教育尚无心无力顾及的真核。欣见李轻舟先生以不过而立之年做了如此艰辛的尝试，不由人不折服。仅就字面而言，写出这样的一本书，他要阅读多少艰涩的文献？他要思考多少个半梦半醒的长夜？

细观《德尔斐的囚徒：从苏格拉底到爱因斯坦》一书，我们能得以把握从苏格拉底到爱因斯坦这2400余年间西方智慧发展——尤其是物理学的深层脉络。作者用诗意的语言将其“与往圣精神相交流”的私人体验娓娓道来，其行文可谓一字一珠玑，一句一典故。尤其令人动容的是，作者能体认到人类智慧的进步是向自然献祭的结果，苏格拉底之死、阿基米德之死、希帕提娅之死、布鲁诺之死、伽利略之被软禁，都有了超越人性之恶这个层面的解读。年轻的作者仿佛不忍渲染智慧是和苦难相伴随的事实，他在庄重的叙事中总是试图采用轻松的笔调，以传达智者面对苦难时的洒脱，于不经意处完成了对哲人敬意的培养。然而，这轻松的笔调竟能时刻牢记它沉重的使命，于是我们便随处能看到这样的句子，每每引人深思：“（亚里士多德）转身步入他的不朽”“（苏格拉底）只是在不自觉地对放弃进行思考之后放弃了放弃”“在数学与物理之间这一道低矮的门槛前，他（庞加莱）止步了”“偶像，必须面对他的黄昏”，等等。此外，作为本书的一个鲜明特点，作者为我们提供了系统详尽的原始文献，包括早期拉丁语、希腊语甚至阿拉伯语的古籍，而这是需要大量的考证功夫的。特别地，那些我们突兀地拿来装腔作势的西哲名言，类似 Amicus Plato, sed magis amica veritas（吾爱吾师，吾更爱真理！），δῶς μοι πᾶ στῶ καὶ τὰν γᾶν κινάσω（给我一个支点，我就可以撬起地球）这样的，如今被平淡地呈现在它们应该出现的语境中。

到目前为止，对哲学、数学和物理学有贡献的国家屈指可数，一些不甘落后的国家或者说一些国家中一群不甘平庸的个人，也努力要对人类文明做出自己的贡献。如果人们内心真有这样的渴望，那就该严肃地考虑如何才能够做到的问题。深度学习科学思想的演化怕是我们必须要补足的功课。我们不光要学会把目光投向遥远的宇宙和微观的世界，还要学会把目光投向理性抽象的极限！一个没学会深度思考、拒绝脱离庸俗、没有甘愿拿生命向智慧献祭之个体的民族，是不足以对世界文明做出任何能留下痕迹的贡献的。《德尔斐的囚徒：从苏格拉底到爱因斯坦》一书，或许能给我们提供初步的启蒙。

李轻舟先生是个博学多识的人，虽然这不过只是在我这不学无术的人看来如此而已。他用心撰写了这本书，不是为了炫耀他个人的渊博，也不是为了怜悯这弥漫的浅薄，而是真诚地要为我们奉上一场西方思想的盛宴、一幅西方思想如何汇集成河的流域图。这样的一本书，必将在吾国科学传播史留下它的痕迹。作为一个得以先睹为快的人，我对作者满怀感激。

是为序。

曹则贤

2016 年冬于中国科学院物理研究所

目　录

……使我们愈加明白文学创作的真实不等于历史考订的事实，因此不能机械地把考据来测验文学作品的真实，恰像不能天真地靠文学作品来供给历史的事实。历史考据只扣住表面的迹象，这正是它的克己的美德，要不然它就丧失了谨严，算不得考据，或者变成不安本分、遇事生风的考据，所谓穿凿附会；而文学创作可以深挖事物的隐藏的本质，曲传人物的未吐露的心理，否则它就没有尽它的艺术的责任，抛弃了它的创造的职权。考订只断定已然，而艺术可以想象当然和测度所以然。在这个意义上，我们不妨说诗歌、小说、戏剧比史书来得高明。

——钱钟书 《宋诗选注·序》

第一章　雅典的黄昏

德尔斐的诅咒

什么样的人够得上“物理学家”的称呼？我不知道。或者说，面对如此多样化的群体，我无力给出一个普适的鉴别判据。我只知道，第一个故事的主人公绝不是一位物理学家，他叫苏格拉底（Socrates，公元前 469?—前 399）。

也许，他是所有物理学家的父亲，所以他不必是一位物理学家，而所有物理学家应该都是他的孩子，他们继承了父亲的邋遢、潦倒、困惑、倔强、无奈及忧郁——这些都是通向永恒快乐必须支付的代价。对苏格拉底而言，这样的快乐始于一个不平凡的黄昏……

虫豸毁了德谟克利特①，别的虫豸杀死了苏格拉底。[1]

——马可·奥勒留② 《沉思录》

哲学家的妻子

我们从何处来？

我们将向何处去？

我们究竟是谁？

……

---

① 德谟克利特（Democritus，公元前 460?—前 370?），古希腊哲人，原子论的主要代表人物，主张世界的本原是在“虚空”（void）中运动的无数不可分割的“原子”（atom）。

② 马可·奥勒留（Marcus Aurelius Antoninus Augustus，121—180），罗马帝国皇帝（奥古斯都 / 元首），拥有“恺撒”称号，罗马五贤帝时代最后一位君主，斯多葛学派的代表人物，有希腊文写就的《沉思录》（Tà εiς ѐαυτóν）流传于世，史称“帝王哲学家”。

宽大的希腊袍难以掩盖他佝偻的身躯，苏格拉底，这个形销骨立的哲人，以一贯温和的口吻向面前或聚集或路过的“学生”发问。这是一系列自人类学会思考的那一刻起就开始的追问，在其后两千年里绵延不绝。

路过的“学生”漠然走开，消失于市集的喧嚣；聚集的弟子窃窃私语，若有所思。街边临时组成的课堂出现了短暂的宁静，尤其是在屋内歇斯底里的恶言詈骂衬托下。这歇斯底里的骂街来自一个愤怒的妇人——哲学家的妻子。岁月流转，我们只能依稀知晓她古怪的姓名——珊西比（Xanthippe），却可以毫不犹豫地冠以准确的名状——悍妇！

这对市集往来的人们来说不是什么稀奇的景象。每到日影西沉，这个凶悍的女人总会对不带一粒米回家的懒惰丈夫抱以雷霆似的怒吼。久而久之，这也就成了城邦的一个钟点，提醒过往的居民回家享用美味的晚餐。

这个女人的情绪总是徘徊于绝望与愤怒之间，具有极其稳定的周期性。深谙此道的苏格拉底波澜不惊，弟子们亦习以为常。直到这个女人从屋里杀气腾腾地出来，径直将一壶凉水泼向了丈夫。

很明显，此时此刻，这个女人的周期性情绪已波动至愤怒的顶点。

如我们所料，落汤鸡似的待遇无法激起这个瘦小老头儿苍老面容上的一丝波澜。妻子怒视了丈夫半晌，骂骂咧咧地回屋了。

“我早就知道，雷霆之后，必有暴雨。”湿漉漉的苏格拉底如此总结。

今天的课依旧以“城邦的钟点”告终。识趣的弟子们纷纷向苏格拉底致意告别，陆续散去，如同路人消失在喧嚣的市集。

他们身后传来了老师的大声疾呼：

年轻的人啊，

收敛你的放纵，

快步入婚姻的殿堂，

贤惠的妻子带给你幸福的生活，
凶悍的泼妇赐予你通向哲学家的捷径！[①]

酒神节

城邦里大部分男自由民在酒足饭饱之后，漫步于市政中心的大广场，或聆听某位执政官发表振奋人心的施政演讲，或三五成群邀约去剧场观赏一出新戏，或拨弄竖琴吟诵着荷马[②]的诗篇，或议论雅典与斯巴达阴云密布的外交，或讨论即将开赛的奥林匹亚运动会。总之，各干各的事情，自得其乐罢了。

拜老婆大人所赐，苏格拉底被剥夺了吃晚餐的权利，如同一只饥肠辘辘的丧家之犬游荡到了市政广场。作为这里的常客，哲人却从不参加那些关乎城邦社稷的"沙龙"。他习惯穿梭于往来的行人间，一次又一次抛出他那些将被重复千年的问题。为此，他甚至发明了一整套"精神助产术"（art of intellectual midwifery）。

他不大可能从作为产婆的母亲那里修习到接生婴儿的本事。所谓"精神助产术"，无非是通过有预谋的发问、反诘、修正、追问与诱导，获得一个暂时无可挑剔的"概念"。

什么是道德？

什么是正义？

什么是生命？

什么是宇宙？

……

---

① 这里蕴含一个"二难推理"（dilemma）：如果娶到一个好妻子，则会生活幸福；如果娶到一个坏老婆，则会成为一个哲学家；你或者娶到一个好妻子，或者娶到一个坏老婆，所以你或者生活幸福，或者成为一个哲学家。

② 荷马（Homer），传说中双目失明的游吟诗人，著有长诗《伊利亚特》（*Iliad*）和《奥德赛》（*Odyssey*），二者合称"荷马史诗"（*Homeric Epics*）。

苏格拉底并不满意行人的回答，行人亦往往在哲人的诱导下驻足游思。等到他们回过神来，苏格拉底已飘然而逝，去寻找新的回答了。

然而今天，湿漉漉的苏格拉底眼前是一片酒神节（Dionysia）的狂欢景象。这是希腊诸城邦一年一度的节日，以雅典为中心辐射整个爱琴海之滨。自由民以酒神狄俄尼索斯（Dionysus）之名尽情狂欢，无论男女老少、长幼尊卑（奴隶除外）纷纷陶醉于祭坛上女祭司的搔首弄姿。

五色令人目盲；五音令人耳聋；五味令人口爽；驰骋畋猎令人心发狂；难得之货令人行妨。

——《道德经·第十二章》

声色的愉悦好像一道沟壑横亘在哲学家与人群之间。迷狂的心灵又怎能配享精神助产这神圣的仪式，苏格拉底漠然退出了被狂欢吞没的广场，唯恐被某种摄人心魄的力量拽入迷狂的深渊。

德尔斐神庙

德尔斐（Delphi）古城坐落于希腊中部的诗人之山——帕那苏斯（Parnassus）南麓，气势恢弘的神殿曾是古希腊光明之神阿波罗（Apollo）信仰的中心①。而今却只留下残垣断壁徒向苍穹，为游人述说着往昔尊容。

今天，苍凉的废墟收容了一个踽踽独行的哲人——被狂欢驱逐的苏格拉底，一个佝偻瘦小的老头儿。

---

① 德国哲学家、诗人弗里德里希·威廉·尼采（Friedrich Wilhelm Nietzsche，1844—1900）在《悲剧的诞生》（*Die Geburt der Tragödie*，1872 年）中将古希腊文化的演化归结于两种精神的交织与对抗，分别为象征理性与秩序的“日神精神”（Apollonian Spirit）和象征浪漫与生命的“酒神精神”（Dionysian Spirit）。

纵使短途①的跋涉也足以令他气喘吁吁，宽大突出的前额渗出象征虚弱的汗珠。苏格拉底斜倚在阿波罗神庙几近风化的阶级，远眺他刚刚逃离的人群逐渐被天边的暮色淹没。

落日的余晖把阿波罗最后的恩赐给予了德尔斐这片残垣断壁，神庙巨石立柱上一句尘封已久的铭文清晰可见：

认识你自己！[2]

苏格拉底猛然起身，跌跌撞撞地伏倒在立柱之下，枯虬的手指摩挲着闪耀太阳最后光芒的铭文，口中念念有词：

认识你自己！

认识你自己！

认识你自己！

……

人，无知！

一切万法不离自性。

——《坛经·行由品第一》

我是谁？

什么又是我？

我不知道！

我能知道什么？

……

在阿波罗神庙前，虔诚的苏格拉底对自己实施了“精神助产术”，争分夺秒。

① 德尔斐位于雅典西北170千米处，所谓“短途”云云，实乃夸张虚构。

远处，太阳带着他对世间的最后眷恋沉入爱奥尼亚海，夜幕降临，四下空阔如无物。

人，无知！

苏格拉底瘫坐在阿波罗神庙残破的圣像前，过往的无数次“精神助产术”最终指向了这个命题。没有人听到苏格拉底面对苍穹的呼喊，他独自一人向宇宙宣誓，好像宣读一份关于自我的独立宣言。

主神之星[①]孤悬天际，夜色最终覆盖了帕那苏斯山，德尔斐神庙的铭文复归沉寂……

筋疲力尽的哲人拖着踉跄的步伐回归尘世，微风过处，了无痕迹。

这一夜，广场上的人群狂歌畅饮，通宵达旦。苏格拉底悄悄回到徒有四壁的陋室，在熟睡的妻子身旁安然进入了梦乡。

城邦的公民甚至连苏格拉底自己都不会知道，后世史家自此将人类的思想史划断：那些上古贤者将归于“前苏格拉底时代”[②]，一代又一代后之来者将以生命献祭“苏格拉底命题”……

苏格拉底依然穿行于熙熙攘攘的街市，在喧闹的人群中不厌其烦地施展着“精神助产术”。不同的是，他已经不再需要问题的答案，他的新责任是诱导往来的行人通向那个隐秘的命题。相较于那些以教授修辞和诡辩技艺为生的“智者”（sophist），苏格拉底更愿意自命为“爱智者”（philosopher）[③]——“爱智慧”（philosophy），首先是一种态度。

在市集，在广场，在歌剧院，甚至在公共澡堂，不辞辛劳的哲人一遍又一遍向三教九流证明，证明对方的无知，而自己除了知道自己

---

① 希腊与罗马文化中的“主神之星”即木星，象征希腊神系中的主神（principal god）、众神之王宙斯（Zeus）与相对应的罗马神系主神朱庇特（Jupiter/Iupiter）。

② 活跃于“前苏格拉底时代”的主要代表有早期自然哲学家（爱奥尼亚派、毕达哥拉斯派、埃利亚派等）和作为人文主义滥觞的智者学派。

③ 据说毕达哥拉斯（Pythagoras，公元前 570?—前 495?）创造了词汇 φιλοσοφία（philosophia/philosophy，爱智慧）和 φιλόσοφος（philosophos/philosopher，爱智者），近代日本学者西周（Nishi Amane，1829—1897）将 philosophy 汉译为“哲学”，沿用至今。

无知以外仍然一无所知①……

一杯鸩酒

苏格拉底的讥讽是暴乱的表现？是庶民怨恨的表现？他作为被压迫者在三段论的刀伤中享受他自己的残忍？他在向被他迷惑的高贵者复仇？[3]

——尼采 《偶像的黄昏：或怎样用锤子从事哲学》

公元前399年，苏格拉底终于走上了象征雅典民主的审判庭，作为唯一的被告接受公民陪审法庭的审判②。

审判员宣读着冗长的指控书，好像市政广场前雄辩似的演讲，还能不时得到陪审团鼓掌的礼遇。

陪审团的席位上，安坐着城邦的三教九流，他们一时难以适应阶下的被告默然不语，好像丧失了以往穷诘发问的锐气。

对苏格拉底而言，一切辩白都毫无意义，那些需要加以证明的东西都显得没有丝毫价值。他选择了平静地陈述，娓娓道来，与其说是法庭申辩，不如说是课堂演讲③。而这场审判本身，与其说是审判苏格拉底，不如说是审判雅典……

最后一刻，这个往日喋喋不休的老头儿静默如一尊石膏像，静候性命攸关的宣判：

亵渎城邦神明，毒害青年！

诸如“不敬神”的指控，苏格拉底不是第一个，也不会是最后一

① 苏格拉底悖论（Socratic Paradox），I know one thing that I know nothing（拉丁语版：ipse se nihil scire id unum sciat）。

② 苏格拉底见证了“黄金时代”（伯利克里执政时代，公元前443—前429）以来雅典民主制的兴衰，晚年的苏格拉底身陷伯罗奔尼撒战争（Peloponnesian War，公元前431—前404）之后的政治乱局，最终成为僭主制和民主制（democratia，直接民主）政治恶斗的牺牲品。

③ 参见柏拉图（Plato，公元前427?—前347?）的《申辩篇》（*Apology*）和色诺芬（Xenophon，公元前430?—前354）的《苏格拉底的申辩》（*Apology of Socrates to the Jury*）。

个。这个罪名来自一些人的想象，更多的来自一些人的恐惧——他们把苏格拉底视为一种病态，一种残忍的、颓废的诅咒。也许他们只需要被告闭嘴，或者永远闭嘴，而等待苏格拉底的是死刑——这是他的那些僭主学生没有做到的事情[①]。

朝闻道，夕死可矣。

——《论语·里仁》

结局似乎早在德尔斐神庙的那个黄昏便已注定。

在审判后的一个月里[②]，苏格拉底婉拒了亲友和学生的营救计划，他选择把囚室作为最后的课堂[③]……

雅典落日的余晖照亮了阴暗的监牢，毒酒的药力开始发作了……一杯血红的鸩酒终止了一个在思考中求索的生命。

生命，意味着长久的病痛。

作为真理的赎价，

是重负，

既不能承载，

又不能卸去。

只有死亡，

才是万能的医生。

我还欠阿斯克勒庇俄斯一只公鸡[④]，别忘了……

---

① 伯罗奔尼撒战争以斯巴达的胜利告终，战败的雅典民主政治崩溃，被迫接受“三十僭主”（The Thirty Tyrants，即未经民主程序获得统治权的独裁者）的统治（公元前404—前403），直到民主派重新掌控雅典。“三十僭主”中的克里底亚（Critias）、卡尔米德（Charmides）等都是苏格拉底的学生或朋友（二人也是柏拉图的亲属），但苏格拉底反对僭主统治。

② 审判苏格拉底时值雅典城邦祭祀阿波罗神，祭祀活动需要乘船前往阿波罗的诞生地德洛斯岛（Delos，也是伯罗奔尼撒战争中以雅典为首的联盟总部），其间暂缓处决犯人。

③ 参见柏拉图的《克里同篇》（*Crito*）、《游叙弗伦篇》（*Euthyphro*）、《斐多篇》（*Phaedo*）。

④ 阿斯克勒庇俄斯（Aesculapius），希腊神话中的医药之神。

散场的街市不再有“城邦的钟点”，行色匆匆的路人不再遇上纠缠不休的哲人。人们依旧漫步于市政中心的大广场，或聆听某位首席执行官发表振奋人心的施政演讲，或三五成群邀约去剧场观赏一出新戏，或撩拨竖琴吟诵着荷马的诗篇，或议论雅典与斯巴达阴云密布的外交，或讨论即将开赛的奥林匹亚运动会……

没有了苏格拉底，生活依旧继续。

夜幕初降，整个雅典笼罩在黑暗之中。然而，大家并没有什么好担心的，因为明天太阳会照常升起。

第一尊圣像

佛陀寂灭后的数个世纪，人们依然在一个洞穴里展示他的阴影——一个令人毛骨悚然的巨大阴影。[4]

——尼采 《快乐的科学》(Drittes Buch，108)

雅典的民主了结了苏格拉底的生命，而他的幽灵却从未离开雅典。

在柏拉图①、色诺芬②与阿里斯托芬③笔下，我们仍旧可以看到孱弱的哲人游荡在城邦的大街小巷，不厌其烦地申述花样繁多的新命题……

---

① 柏拉图撰写的对话多以“苏格拉底”为主角，一般认为只有早期对话大体反映了苏格拉底本人的思想，如《申辩篇》(*Apology*)、《克里同篇》(*Crito*)、《游叙弗伦篇》(*Euthyphro*)、《拉刻斯篇》(*Laches*)、《斐多篇》(*Phaedo*) 等。

② 色诺芬（Xenophon，公元前430?—前354)，古希腊将领、历史学家，苏格拉底的学生，在《苏格拉底的申辩》(*Apology of Socrates to the Jury*)、《回忆录》(*Memorabilia*)、《家政篇》(*Oeconomicus*)、《会饮篇》(*Symposium*) 中记录了苏格拉底的言行。

③ 阿里斯托芬（Aristophanes，公元前446?—前386?)，古希腊剧作家，被誉为“喜剧之父”。阿里斯托芬在讽刺喜剧《云》(*Clouds*) 中塑造了一个不同于柏拉图或色诺芬笔下的“苏格拉底”,《云》中的“苏格拉底”形象混合了早期自然哲学家和智者学派的色彩。

柏拉图学园

柏拉图，这位新的“爱智者”领袖，小心翼翼地藏身于“苏格拉底”的面具下，耕耘着源自恩师又属于自己的智慧苑圃。

公元前387年，对雅典政治彻底失望的柏拉图在雅典城外西北郊的阿卡德穆园林①创立了自己的学园——后世称之为“柏拉图学园”（Platonic Academy），他在新成立的学园的入口处留下赫然禁令：

不懂几何者莫入！[5]

这是与毕达哥拉斯学派百牛献祭②齐名的典故，作为古希腊数学的滥觞，历来为数学史家津津乐道。

惟楚有材，于斯为盛。

——岳麓书院门联

自柏拉图学园创办以来，传承毕达哥拉斯学派衣钵的泰阿泰德（Theaetetus，公元前417？—前369）、阿基塔斯（Archytas，公元前428—前347）、梅奈赫穆斯（Menaechmus, 公元前380—前320）、狄诺斯特拉图斯（Dinostratus，公元前390？—前320？）、欧多克斯（Eudoxus，公元前408—前355）等学者先后加入。一时间，毕达哥拉斯学派代表的数学——自然哲学传统和智者——苏格拉底一脉代表的

---

① 该园林因纪念希腊神话中的雅典英雄阿卡德穆（Academus）而得名，由此衍生出的Academia/Academy成为后世高等学术教研机构的代名词。

② 据民间传说和雅典学者阿波罗多洛斯（Apollodorus of Athens，公元前180?—前120?）在《编年史》（*Chronicle*）中的记载，为庆贺毕达哥拉斯“证明”出毕达哥拉斯定理（Pythagorean Theorem，任意直角三角形斜边的平方等于两条直角边的平方和），毕达哥拉斯学派宰杀了一百头牛献祭缪斯女神，故而毕达哥拉斯定理也被称为“百牛定理”。

人文主义传统交汇于柏拉图学园，蔚为大观①。

公元前 366 年，这个已经享誉希腊诸城邦的学园敞开大门，收容了一个马其顿（Macedon）宫廷御医的儿子，来自色雷斯（Thrace）的求学青年——亚里士多德（Aristotle，公元前 383？—前 322）。

那一年他 17 岁，风华正茂，与许多怀揣抱负的年轻人一样从希腊世界的四面八方汇聚到雅典，投身于后苏格拉底时代的伟大学者柏拉图门下，来到这个以数学为度量衡的知识圣殿，求取智慧的火种，体验美德与正义。

野心

我们可以想象组成这个“世界”的运动物体的复杂排列似乎有点像是天神们所下的一盘宏大的棋局，我们则是这盘棋的观众。我们不知道弈棋的规则，我们所能做的就是观看这局棋赛。当然，假如我们观看了足够长的时间，总归能看出几条规则来……[6]

——费曼② 《费曼物理学讲义 · 第一卷》

初入学园的意气风发在日复一日的单调生活中磨蚀殆尽，智慧的求索虽称不上枯燥，却也乏善可陈，安静的学园实在难以盛容渴望精彩且躁动不安的灵魂。

在柏拉图眼里，亚里士多德倒是个例外。

这个操着北方口音的年轻人似乎天生与热闹或喧嚣绝缘。他夜以继日地修习先贤的典籍，辛勤搜罗五湖四海的逸闻轶事，古往今来的

① 这一时期的学园逐渐形成了以柏拉图为中心的雅典学派（亦称柏拉图学派），继承了“前苏格拉底时代”的传统，他们在数学领域的工作和贡献集中于几何三大难题（化圆为方、倍立方体、三等分角）、无限与连续概念、演绎体系三个方面。

② 理查德 · 菲利普 · 费曼（Richard Phillips Feynman，1918—1988），美籍犹太物理学家，创立了量子力学的路径积分形式，因在量子电动力学（Quantum Electrodynamics，QED）领域的贡献获得了 1965 年度的诺贝尔物理学奖。

知识如涓涓细流汇入浩瀚心海。

老师总会对出色的学生抱以天然的亲近感，圣道弘扬的希望维系着柏拉图与亚里士多德超越血缘的亲密。他们一起漫步于学园的林荫小道，游历于故国的梓泽丘墟，一起探讨关于宇宙，关于生命，关于美德，关于正义……一切亦新亦旧的命题。

在这个略带书呆子气的小伙子身上，垂垂老矣的柏拉图似乎看到了“苏格拉底生命”的延续。他没有看到超越常人的勤奋背后隐藏着令人不寒而栗的“野心”：

我，亚里士多德，

绝不甘于天神棋盘边的看客。

既然众神创造了世界。

我就去做人类知识的主宰！

洞穴

不识庐山真面目，只缘身在此山中。

——苏轼 《题西林壁》

公元前 347 年，“西方孔子”——柏拉图与世长辞。

经历短暂的悲痛后，学园恢复了往日的平静，新的秩序迅速建立。而那个被后世的我们视作“柏拉图继承者”的人却在一旁默默收拾自己的行囊。

往昔的画面历历在目，在这个智慧的启蒙之地，他经历了多年顺从与抗争的思想折磨，那具受万人膜拜的冰凉遗体已经不能激起他任何一丝留恋。在被曾经如慈父的老师疏远多年之后，孤独的亚里士多德静待那些朝夕相处的同窗下达最后的逐客令。

新一代的领袖[①]继承了先师的遗志，学园的兴趣彻底转向了玄妙精深的数学（几何学）。在尺与规的方寸世界里，在纯粹的精神求索中，一代代慕名而来的年轻人体验着宇宙的奥秘与人世的德行。

学园彻底摆脱了俗世的羁绊，心灵的封闭伴随着外物的寂灭。在柏拉图之后，《理想国》（*Republic*）中的“洞穴阴影”[②]终于笼罩了学园。

道之所存，师之所存。

——韩愈 《师说》

亚里士多德必须离开，带着自己二十年来的“野心”与求索离开这个不再属于自己的地方。[③]

那些曾经携手求知的朋辈，如今已形同陌路。亚里士多德身后没有温情的告别，只有他们厉声的斥责，斥责这个多余的人对敬爱老师的无耻背叛。

亚里士多德没有回头，只是淡然留下一句“大逆不道”的申辩[④]：

---

① 柏拉图去世后，他的外甥斯珀西波斯（Speusippus，公元前408?—前339?）和学生色诺克拉底（Xenocrates，公元前396?—前314?）先后领导学园，他们继承了柏拉图晚年思想体系的数学化倾向，逐步把毕达哥拉斯的“数”（包括算术对象和几何对象）和柏拉图的“理念”（idea/form）融为一体，不加区分，视作宇宙的本原。

② 柏拉图在《理想国》中用一个“洞穴隐喻”（Metaphor of the Cave）探讨人类认识的困境和苏格拉底式的悲剧：一群世代囚禁于洞穴中的囚徒，由于锁链束缚，只能看到身后矮墙上的雕像经火光照射在洞壁上的投影，这些阴影构成了被羁锁的囚徒唯一可感知的“真实”。有一个囚徒偶然挣脱锁链，回头发现了火光和雕像，他摸索着走出洞穴，发现更刺目的太阳与阳光下的万物。为了解放洞穴中的囚徒同胞，他选择回到洞穴，但是由于无法重新适应昏暗的影像，遭到被羁锁囚徒的嘲笑，甚至有性命之虞。

③ 拉斐尔的《雅典学园》描绘了柏拉图和亚里士多德的师徒分歧。柏拉图指向天穹，怀抱《蒂迈欧篇》（*Timaeus*，论自然哲学和宇宙生成），代表柏拉图哲学的核心是可思议的“理念世界”；亚里士多德指向大地，怀抱《尼各马可伦理学》（*Nicomachean Ethics*，由亚里士多德儿子尼各马可汇编而成），代表亚里士多德哲学的核心是可感知的“经验世界”。

④ “吾爱吾师，吾更爱真理”是一句流传甚广的拉丁格言，可直译为“柏拉图吾友，然真理乃更伟大之友”。这句话可能源出亚里士多德《尼各马可伦理学》中的“虽然（接下页）

吾爱吾师，吾更爱真理！[7]

然后转身步入他的不朽。

哲人王?

是故选天下之贤可者，立以为天子。

——《墨子·尚同上》

柏拉图在《理想国》中将统帅城邦万民的权力赋予了“哲人王”（Philosopher King），经历音乐、几何、政治、伦理、哲学的严格训练，止于至善的贤人，将以王者之尊构筑完美的理想社会。

终老于雅典的柏拉图，在经历了三次（公元前388年、公元前367年、公元前361年）西西里弘道的惨败后①，终究没有看到“哲人王”降世。

培育“哲人王”的实践，阴差阳错地落到了被放逐的亚里士多德肩上。

公元前343年，漂泊多年的亚里士多德回到了阔别已久的故乡。这个马其顿宫廷御医的儿子，而今以享誉希腊诸邦的大学者身份英雄般地荣归故里。在马其顿国王菲利普二世（Philip Ⅱ）的盛情邀请下，亚里士多德出任王子亚历山大（Alexander）的教师。

这个年仅13岁还略显稚嫩的少年无疑是幸运的。此后的三年时光，他作为苏格拉底-柏拉图的嫡传门人，也作为“哲人王”的第一个实验

（接上页）友谊与真理皆为我等所爱，但我们忠于真理甚于友谊”（1096a15）。在1903年出版的《〈群己权界论〉译凡例》（《群己权界论》译自穆勒的《论自由》）中，严复（1854—1921）将这句格言汉译为：吾爱吾师柏拉图，胜于余物，然吾爱真理，胜于吾师。

① 公元前388年、公元前367年和公元前361年，柏拉图曾三次前往西西里东部的叙拉古（Syracuse）城邦，试图通过教化统治者建立理想的城邦制度，但均以失败告终。

样本，成为无数同时代有志青年艳羡的对象。而在未来不到十年的时间里，他就成长为震撼世界、彪炳青史的一代君王——亚历山大大帝（Alexander the Great，公元前356—前323）。

帝师，这是古今中外无数知识分子可望而不可即的终极追求，执掌帝国的未来，在无上王权的背后以思想的力量左右天下大势，成就万世伟业却可“功成而弗居”，配享无上荣耀却又不失清高本色。

亚里士多德很快适应了他自柏拉图学园“毕业”（用了整整二十年）以来的第一份正式职业。他倾尽所学培育着天资聪慧的王子，使得幼小的亚历山大获得了道德、政治、哲学的全方位锻炼。

当王子沉浸在美妙的哲学世界里体验智慧时，稚嫩的脸上泛起若有所思的恬静。亚里士多德不免浮想联翩，他仿佛看到了在“哲人王”的统治下，智慧的光芒扩散宇内，美德与正义昭明万邦。这一刻他坚信苏格拉底、柏拉图未尽的使命将在自己的手里实现，一种前所未有的成就感油然而生。

亚历山大，你是我留给世间最完美的作品！

然而，历史给这位伟大的老师开了个不小的玩笑。

公元前336年，如日中天的菲利普二世遇刺身亡。刚满20岁的亚历山大在充满暴力与血腥的肃杀中登基即位。

这一刻，曾经稚嫩的王子成为端坐高台的王者，接受群臣的敬贺。

立于庭下的亚里士多德却猛然发现，一身戎装的爱徒脸上失去了往日恬静柔和的光辉，却散发着一种令人不安的暴戾之气。他无奈地摇了摇头，默默消失于山呼万岁的人群中。

君王在上，

哲学安在？

在铁与血的时代，“哲人王”只是一个绚烂的幻想。

公元前334年，亚历山大统帅希腊联盟（Hellenic League）[①]组成联

① 希腊联盟，亦称柯林斯联盟（League of Corinth），由马其顿国王菲利普二世创立并领导。

军远征东方。至公元前 331 年，亚历山大征服了希腊的宿敌——波斯帝国（Persian Empire）。在其后不到十年的时间里，一个西起巴尔干，东至印度河，南括埃及，北抵帕米尔的超级帝国迅速崛起——在马其顿战车的滚滚征尘中，一个地跨亚、欧、非三大洲的庞然巨物屹立于欧亚大陆的中央。

然而，作为亘古伟业的“间接缔造者”，亚里士多德却陷入了深深的不安。承袭自苏格拉底那些导向善与光明的知识，在自己的学生——独步古今的亚历山大大帝手里成为杀戮征伐的利器，一个在战马铁蹄下集合的邦国，怎么可能成为美德与正义的乐土？

吕克昂

在这场人类历史上大规模杀戮启动的前夜，公元前 335 年，亚里士多德以希腊统帅授业恩师的尊荣重返雅典，回到了这个启发他智慧却又不得不含恨离开的地方。

在他那个令希腊人闻之色变的学生支持下，亚里士多德获得了吕克昂（Lykeion）的阿波罗神庙附近占地广阔的运动场与园林。这里位于雅典东郊，也是当年苏格拉底无数次实践“精神助产术”的地方，而今将作为吕克昂学园（Lyceum）留名于人类文明史的进程。亚里士多德将于此地步步逼近他那个令人不寒而栗的“野心”。

亚里士多德摒弃了传统的坐而论道的教学方法，改以园林间的闲庭信步诱导学生探寻真理与智慧，年轻人在花园或喷泉间、林荫或廊柱下流连漫步，讨论着关于宇宙或人生的真谛。后人将他们称作“逍遥学派”（Peripatetic School）[1]。

在幅员辽阔的亚历山大帝国强大的人力、财力、物力支持下，吕克昂学园成为整个希腊世界的知识与学术中心，数以千计的奴隶日夜

① 逍遥学派的名称来自希腊语 περίπατοι（peripatoi，廊柱）。

劳作，远方的动植物或矿产标本及被征服文明的文献典籍源源不断地汇聚于此。依托古代贤哲无法企及的庞大资源，亚里士多德作为统帅，开始了史无前例的一次学术长征……

金字塔

为往圣继绝学，为万世开太平。

——张载 《张子语录》

亚里士多德的"野心"并不满足于做前人训示的传声筒。面对人类有史以来浩如烟海的文献资料和纷繁庞杂的经验知识，亚里士多德几乎以一己之力，整理、综合、发展，将原本零散的一粒一粒砂金熔炼构筑起了宏伟的知识宫殿——辉煌如金字塔，留下不朽，留下阴影……

我们今天可以看到的"亚里士多德金字塔"由一系列残篇和逍遥学派后学编纂的讲稿组成（排除托名伪作和尚有争议的作品）：

①形而上学或第一哲学：《形而上学》（*Metaphysics*）[①]。

②逻辑学（形式逻辑学）：《工具篇》（*Organon*），包括《范畴篇》（*Categories*）、《解释篇》（*On Interpretation*）、《前分析篇》（*Prior Analytics*）、《后分析篇》（*Posterior Analytics*）、《论题篇》（*Topics*）、《辩谬篇》（*Sophistical Refutations*）。

③自然哲学（物理学、天文学、气象学、生理学、心理学、动物学等）：《物理学》（*Physics*）[②]、《论天》（*On the Heavens*）、《论生

---

① 逍遥学派后学在整理亚里士多德著作时将第一哲学讲稿编订于《物理学》之后，故名"物理学之后"（Meta-Physics），探讨超越经验世界的普遍原则，近代日本学者井上哲次郎（Inoue Tetsujiro，1855—1944）据"形而上者谓之道"（《易经·系辞》）将之汉译为"形而上学"。

② 物理学（Φυσικη）这个词来自希腊语 φύσις（physis，自然），自亚里士多德之后相当长的历史时期（大致到两次工业革命时期）与自然哲学（natural philosophy）同义。

灭》(*On Generation and Corruption*)、《气象学》(*Meteorology*)、《论灵魂》(*On the Soul*)、《论自然短篇集》(*Little Physical Treatises*)[①]、《动物史》(*History of Animals*)、《论动物的部分》(*Parts of Animals*)、《论动物的运动》(*Movement of Animals*)、《论动物的行进》(*Progression of Animals*)、《论动物的繁殖》(*Generation of Animals*)。

④伦理学与政治学:《尼各马可伦理学》(*Nicomachean Ethics*)、《欧多莫斯伦理学》(*Eudemian Ethics*)[②]、《政治学》(*Politics*)。

⑤修辞学与诗学:《修辞术》(*Rhetoric*)、《诗学》(*Poetics*)。

这是人类文明史上第一个自觉的知识体系[③],它的价值远远超越了其中某个具体的观点或论述——它是一个生命体,作为整体在漫长的时间长河中进化,一次次蜕变,面目全非,却通向了永恒……

又一个黄昏

公元前323年,不可一世的亚历山大大帝走完了短暂而辉煌的一生。那个凭借武力建立起来的庞大帝国亦随之进入了风雨飘摇的最后岁月。

在转瞬兴亡的帝国废墟上,"希腊化时代"(Hellenistic period)大幕开启,古希腊的文明以血与火为代价远播四海,巴尔干半岛俨然成为世界的中心。然而,倔强的雅典人似乎并不领情,当年轻暴君的死

---

① 《论自然短篇集》包括《论感觉极其对象》(*Sense and Sensibilia*)、《论记忆》(*On Memory*)、《论睡眠》(*On Sleep*)、《论梦》(*On Dreams*)、《论梦的预兆》(*On Divination in Sleep*)、《论生命的长短》(*On Length and Shortness of Life*)、《论青年和老年·论生与死·论呼吸》(*On Youth, Old Age, Life and Death, and Respiration*)。

② 欧多莫斯(Eudemus,公元前370?—前300?),古希腊哲学家和数学家,亚里士多德的得意门生。

③ 亚里士多德在《形而上学》中将知识体系(即"哲学")划分为三个"学科":理论或思辨学科(theoretical science,包括形而上学、数学、逻辑学和自然哲学)、实践学科(practical science,包括伦理学、政治学等)与创制学科(productive science,包括修辞术、诗学、美学等)。

讯传来时，积压多年的愤怒终于如洪水一般不可避免地倾泻而出。

在这场轰轰烈烈的独立狂潮中，宁静的吕克昂学园中那个博学睿智的老人首当其冲，成为雅典人的报复对象——亚里士多德终于为他当年并不成功的“哲人王”实践付出了代价。

又是一个沉寂的黄昏，76 年前它见证了苏格拉底的离去。今天，笃信民主的雅典人再一次送上了那个可怕的罪名：

亵渎城邦神明，毒害青年！

亚里士多德第二次也是最后一次被无情地逐出了雅典——公元前 322 年，在饱受颠沛流离之苦后，这个心力交瘁的老人永远停止了思索。

寂寞的圣像

哲学像一个母亲，生产并养育了其他学科，因而一个人不能责怪她的赤裸和贫困，而是应该希望她堂·吉诃德的思想部分借由其孩子们得以延续，以使他们不致流于庸俗。[8]

——爱因斯坦《致布鲁诺·维纳威耶的信》(1932)

亚里士多德，这个古典时代（公元前 5—前 4 世纪）最博学的人，就此谢幕。他与自己的师长苏格拉底、柏拉图一道，跻身文明圣殿最伟大的符号之列。

在亚里士多德的金字塔中，他几乎是除了数学以外所有学科的奠基人。在之后一千多年里，他将借此征服罗马，征服阿拉伯，征服西欧——这是亚历山大大帝力所不及的。

金字塔可以在风中不朽，但血肉之躯塑造成的圣像不得不孤独地面对千年供奉的油灯，神圣的光芒褪去后，这尊圣像被油烟熏得面目不清，满是尘土。

如今，作为“物理学之父”，亚里士多德在物理教科书中必须扮演游街示众的角色。

你是否曾经体验过这寻常不过的场景——

物理老师略带戏谑地在黑板上写下那些真假难辨的论断——那些被中世纪后期学者奉若天启的“训示”：

亚里士多德说：凡是运动的物体，一定有推动者在推着它运动。

亚里士多德说：重的物体下落一定比轻的物体快。

亚里士多德说：白光是自然界中最纯净的光。

亚里士多德说：自然厌恶虚空。

……

这都是刻在亚里士多德墓碑上的铭文，墓碑在金字塔的基座，一代代人从这里拾级而上，去构筑新的金字塔……

神话的终结

丰饶的地中海腹地，在亚平宁半岛与突尼斯湾之间，一枚珍贝镶嵌其中，它就是充满传奇的西西里岛（Sicily）——希腊人称之为“特里纳科里亚”（Trinacria），意为“三角形之岛”。

两百年来，在这南望非洲、北接欧陆的要冲上演绎了无数快意江湖的豪门恩仇，“黑手党”俨然成为它鲜明的符号，仇杀屠戮的血腥似乎成为它永不磨灭的印记。

今天，它是享誉世界的旅游胜地，多少游人来此享受惬意的阳光、沙滩、海风、蓝天，领略那令人欲罢不能的拉丁风情。

而两千多年前，这里是希腊世界的西部边陲，它有幸见证一个伟大生命的轮回，也镌刻了那段瑰丽神话的终结……

城防司令

守之所亲，举吏贞廉、忠信、无害、可任事者……

——《墨子·备城门》

公元前212年，西西里叙拉古（Syracuse）城邦的最后一个春天。

北半球的烈日炙烤着西西里海岸，海天相接处，艨艟蔽日，浊浪排空。在罗马共和国（The Roman Republic）强势兵锋之下，这个昔日第一次布匿战争（The First Punic War，公元前264—前241年）[①]中的盟国都城早已成为囊中之物。

然而三年的围城之战，却让位居罗马执政官的三军统帅马赛琉斯（Marcus Claudius Marcellus，公元前268?—前208）唏嘘不已。这个弹丸小城在铁桶一般的围困中竟如"锥处囊中"，让不可一世的罗马军团吃尽苦头。

一掷千钧的投石机、张牙舞爪的掀船起重机……这些冷兵器时代的"大规模杀伤性武器"甫一出场便博得了如此精彩的亮相，伴随的是无数罗马将士丢盔弃甲的狼狈与风声鹤唳的恐惧。

老道的马赛琉斯深知这一切都"归功于"孤城内的那个人，那个令无数嗜血的罗马士兵闻之色变的人。兵锋初向三年前，那个人是他始料未及的噩梦；鏖兵对峙三年后，那个人成为他不惜一切代价攻陷叙拉古城的全部理由！

在这广袤的天地之内，在如云密布的罗马战阵与坚如磐石的叙拉古城之间，在这场以无数生命为赌注的博弈中，仿佛只有两个人的对决：一个是马赛琉斯，另一个便是立于城墙上的"那个人"——阿基

① 公元前264年至公元前146年，罗马共和国与迦太基帝国（Carthaginian Empire）为争夺地中海霸权先后进行了三次大规模军事冲突，史称"布匿战争"。在第二次布匿战争（The Second Punic War，公元前218—前202）中，叙拉古与迦太基结盟对抗罗马。

米德（Archimedes，公元前 287?—前 212?）。

这位 75 岁高龄的老人身后有太多的光辉头衔：数学之神、静力学之父、工程学之父……然而在生命的最后三年里他只有一个身份：叙拉古王的军事顾问，这座孤城实际意义上的“城防司令”。这场罗马、迦太基与叙拉古的生死博弈造就了人类科学与战争史上的奇景。

在弥漫血腥的角斗场上，一位古稀学者将以一己之力对抗滚滚向前的战争机器。

来吧，阿基米德!
快展示你的新玩具，
等待我献上，
衷心的赞礼!

佩剑立于阵前的马赛琉斯心里默念道。历经三年来攻防拉锯，他已经习惯以欣赏的姿态将叙拉古城下发生的种种视为一幕由城里那个深通几何之道的“百手巨人”（Briareus）主导的戏剧。

时间，
才是罗马军团
终极的武器。
阿基米德，
请留下你旷世的才华，
为这载入史册的战役，
划上绚丽的句号。

但凡旷日持久的战争，最终均会滑向国力消耗的深渊。任你阿基米德何等出神入化，偏安一隅的叙拉古也终究不是幅员广阔的罗马的对手。时间带来的潜在优势让作为观众的马赛琉斯学会了等待，他等待阿基米德的每一个巧思，他等待叙拉古城致命的破绽。

阿波罗之箭

阿基米德当然不会让城下的看客失望。

这一日清晨，叙拉古的老幼妇孺接到了来自“城防司令”的古怪动员令：带上家里的铜镜到南城墙上集合。

这是什么把戏？

陷困城内的叙拉古人似乎与围城的罗马人达到高度的一致，但片刻的迟疑很快就被毫无保留的信任所驱散，因为他们明白：眼前这个曾经披着浴袍在大街小巷狂呼裸奔的疯老头[①]，担负着叙拉古城的生死存亡。这一刻，阿基米德才是叙拉古的保护神。

苍老的学者极目远眺大海深处，脸上泛着安之若素的平静，然而却是一种令人胆寒的平静。

彼时，罗马舰队联排并进，一时间如黑云压城。城墙上的老幼妇孺不免心生恐惧，唯一的宽慰来自同立于城头的阿基米德。

老人以深邃的目光扫视战场，罗马战阵已经视若无物，他的眼中只有战神阿瑞斯（Ares）[②]狰狞的面目。这个魔鬼裹挟着人类对权力与暴力的膜拜，摧毁了故国的田园村社，也夺去了自己宁静的书斋生活。三年来，年逾古稀的老者已倾尽平生所学，先贤毕生致力穷竭宇宙、臻于至善的知识与智慧在他的手中幻化为种种守城器械，让数以万计的侵略者止步城下。

---

① 据古罗马建筑学家维特鲁威（Marcus Vitruvius Pollio，罗马共和国末期到罗马帝国初期，约公元前 1 世纪）在《建筑十书》（*Ten Books on Architecture*）中记载：叙拉古国王赫农二世（Hieron Ⅱ，公元前 308?—前 215）命工匠打制一顶黄金王冠，他担心工匠在其中掺了银，便请阿基米德设法测定王冠中的黄金纯度，阿基米德百思不得其解。在一次沐浴过程中，阿基米德偶然观察到人进入盛满水的浴盆，溢出的水和自身感受到的重量减轻有关（后来被提炼为“阿基米德浮力原理”：物体在静流体中所受的浮力等于其排开流体所受的重力），灵光闪现，竟顾不上赤身裸体冲上大街，一路狂呼 Εὕρηκα（Eureka，意为“我明白了”）。

② 阿瑞斯，即罗马神话中的战神玛尔斯（Mars）。

是知其不可而为之者与？

——《论语·宪问》

诚然，阿基米德也深知叙拉古的沦陷只不过是个时间问题，这个孤城的极限早已在这位智者的精密计算之中。而今天他将倾其全力作最后一搏，哪怕只是这硝烟滚滚战场上至为华丽的谢幕表演。这不是一场叙拉古与罗马的战争，这是人类智慧之灵向蒙昧与暴力义无反顾的宣战。

俊美的福玻斯·阿波罗（Phoebus Apollo）是奥林匹斯山（Olympus）十二主神之一，执掌光明与真理。苏格拉底曾在他的圣殿阶前领悟人类的无知，亚里士多德曾在他的神庙旁构筑起人类理性的大厦。

这一次，阿基米德将凭借阿波罗神所向无敌的金箭对忘乎所以的侵略者施以最后的惩罚。

在阿基米德的指挥下，城墙上的叙拉古人迅速排列为一个抛物线阵列，成百上千的铜镜集结为一个巨大凹面镜阵面。

阿波罗神，
请赐予你的武器！
让真理与光明的力量，
涤荡蒙昧与野蛮！
愿永恒的知识之海，
今日化为冥河！

广阔天穹，万里无云，骄阳似火。旗舰上的马赛琉斯注意到了叙拉古城墙上的异动，遂下令先头登陆部队按兵不动，后续舰队减速前进，试图以静制动一探究竟。片刻之后，马赛琉斯将为这个再寻常不过的决定懊悔不已。

士气正盛的罗马人不会料到，自己的小心翼翼正中阿基米德下怀，一马当先的登陆战舰悄无声息地驶入死神的怀抱。

灼人的烈日之箭经巨大凹面镜阵面聚焦，千万条光束死死锁定在先行靠岸的登陆舰主帆上。当没有接到登陆命令的舰上士兵还沉浸在如此奇异的景象之中时，主桅上的白帆出现了一小簇黑点，黑点不断扩大，伴随着涂满牛油的帆布焦灼的味道四处扩散。偶有经验丰富的水手意识到了什么，一时间甲板上陷入前所未有的混乱，船体燃烧的“噼啪”声、士兵恐惧的呼喊声不绝于耳，熊熊烈火迅速吞噬了舰体，伴随着主桅的倾覆，火势以迅雷不及掩耳之势向其他舰只蔓延，刹那间庞大的先锋舰队淹没在一片火海中。

在人类漫长的战争史上，高科技武器首次投送战场无疑都收到了摧毁敌人作战意志的奇效。第一次世界大战期间，在 1916 年的索姆河战役（The Battle of the Somme）中，英军将新发明的坦克第一次投入战场，迫使惊慌失措的德军不战自退。而 1945 年投放在日本广岛和长崎的原子弹更是为第二次世界大战的提前结束与国际新秩序的建立起了一锤定音的作用。

对未知的深深恐惧始终是人类萦绕不去的心魔。眼见先头部队被无名天火付之一炬，在这远远超出罗马人（甚至是所有人，当然也包括城墙上的叙拉古人）理解范围的末日景象面前，身经百战的罗马军团陷入了彻底的崩溃。

早有心理准备的马赛琉斯此刻已被震惊颠覆了全部理智，似乎已经忘记了自己作为军团统帅的职责。任凭惊魂未定的属下在身旁苦苦劝谏，他只是如雕塑般呆立在船头。战场好像突然变得死一般的寂静，他已经听不到自己的士兵在炼狱中的呻吟呼喊，只看见烈火中愤怒的阿波罗神正张开金弓瞄准自己……

啊！

马赛琉斯惨叫一声，如被铁锤粉碎的石膏像瘫落在旗舰甲板上，他无法抑制自己的颤抖，豆大的汗珠从额头渗出。属下连忙将他救下，只听见面如死灰的马赛琉斯低声絮叨：

阿基米德，神一样的存在！

阿基米德，神一样的存在！

阿基米德，神一样的存在！[①]

……

前尘似梦

残存的罗马舰队销声匿迹，战场复归沉寂。西风残照，只有宁静的大海毫无保留地收容无数哀怨者的灵魂。

城墙上的老幼无不携带震撼与欢欣匆匆离去，徒留阿基米德面对海天一色，凭吊自己最后的“杰作”。

在血与火的泥潭中苦苦挣扎的学者最终被打扮成一位伟大的爱国者，却要以同样的杀戮为代价。风烛残年的古希腊文明竟要在罗马人的尸骨上燃烧最后的辉煌。

精疲力竭的老人一手扶着城垣，再一次极目远眺，好像在寻找些什么，寻找那遗失的初心……

碧波深沉，默而不语，浩渺烟波之间，一叶孤舟飘然而去。

船头矗立着一个清澈无邪的少年。那一年他 11 岁，作为叙拉古赫农二世的亲属负笈南地中海的亚历山大港（Alexandria）。

宏伟的亚历山大港雄踞尼罗河（Nile）出海开口，世界七大奇迹（The Seven Wonders of The World）之一的法罗斯灯塔（Pharos）扼守要冲。这座亚历山大大帝缔造的城市，如今作为埃及托勒密王朝

---

① 历时三年的叙拉古保卫战（公元前 214—前 212），主要记载于波利比奥斯（Polybius，公元前 200?—前 118?）的《通史》（*The Histories*）、李维（Titus Livius，公元前 64?—公元 17）的《罗马史》（*Ab Urbe Condita Libri / The History of Rome*，拉丁文书名可直译为《罗马建城以来的历史》），以及普鲁塔克（Plutarch，46?—120）的《马塞鲁斯传》（*Life of Marcellus*）。而其中至为精彩的阿基米德巧借天火烧毁罗马战舰的传奇则最早见于罗马帝国时代的修辞学家、以讽刺散文见长的学者卢西恩（Lucian，125?—180?）的记载，东罗马帝国时代的学者安提莫斯（Anthemius，474—533?）曾提到阿基米德在叙拉古保卫战中使用聚光镜作为武器。由于其无可比拟的传奇色彩历来争议不断，后世诸如笛卡儿（René Descartes, 1596—1650）、布丰伯爵（Comte de Buffon, 1707—1788）等著名学者都加入了争论，至今不绝。

（Ptolemaic Dynasty，公元前 305—前 30）① 的首都享誉地中海世界，历经数代营造业已成为自克里特（Crete）、雅典之后古希腊文明最后一个中心。

公元前 276 年，正值韶华的叙拉古宗室子弟——阿基米德，来到了“智慧之都”。他的目的地是享有“世界知识总汇”美誉的亚历山大图书馆（The Great Library of Alexandria）②，这里是古希腊时代第二个也是最后一个“吕克昂学园”。

在接下来漫长的光阴中，这位留学生将在此安享浩瀚知识之海的滋养，效法前贤，终成巨人屹立于地中海之滨。

学术族谱

年少的阿基米德迅速投入了欧几里得学派（Euclidean School）门下，作为欧氏的再传弟子踏上了自己的荣耀之路。这个在亚历山大十分活跃的学术团体有着一个十分显赫的源流——雅典的柏拉图学园。

多少年前的那个黄昏，也有一个翩翩少年步入雅典城郊林荫中的学园，在浩如烟海的手稿中苦苦追寻柏拉图的足迹。多少年后，与雅典隔海相望的亚历山大崛起了一个泽被后世两千年的学派。它的缔造者是欧几里得（Euclid，公元前 330?—前 275），今天我们习惯尊称他为“几何学之父”——直到今天，欧几里得在《原本》（*Στοιχεῖα/Elements*）中创立的第一个数学公理化体系（Axiomatic System，涉及初等数学领域的代数、数论、平面几何、立体几何诸分支）仍然在中学数学教科书中延续生命③……

---

① 公元前 323 年，亚历山大大帝去世，亚历山大帝国陷入内战，趋于崩溃。公元前 305 年，亚历山大大帝麾下将领、帝国驻埃及总督托勒密（Ptolemy I，托勒密一世，公元前 367?—前 283?）称王，建都亚历山大港，创立了希腊化的埃及托勒密王朝。

② 亚历山大图书馆隶属于亚历山大博物馆（Musaeum of Alexandria, musaeum/museum 源自希腊神话中的艺术女神缪斯 Muses），由托勒密一世或其子托勒密二世（公元前 309—前 264）在公元前 300 年左右创立。

③ 1606 年，来华传播天主教的耶稣会士利玛窦（Matteo Ricci, S.J.，1552—1610）与明末学者徐光启（受洗入教，教名“保禄”Paul，1562—1633）以克拉维乌斯（接下页）

自此，爱琴海之滨显现出人类文明史上的一道奇景，遥相呼应的雅典与亚历山大先后崛起了两个堪称伟大的学派，一衣带水，南北相望。吕克昂学园的亚里士多德皓首穷经一砖一瓦地搭建起人类知识的圣殿，而亚历山大的欧几里得则于尺规方寸之间丈量宇宙的形状，他们身后都是柏拉图伟岸的背影。

从苏格拉底到柏拉图，从柏拉图再到亚里士多德与欧几里得，发源于智慧雪山之顶的涓涓细流已然化为奔腾东去的江河——从公元前4世纪到公元5世纪，亚历山大城的欧几里得一脉群星闪耀，阿里斯塔克（Aristarchus，公元前310?—前230?）、卡农（Conon，公元前280?—前220?）、埃拉托色尼（Eratosthenes，公元前276?—前194?）、阿波罗尼奥斯（Apollonius，公元前262?—前190?）、海伦（Heron，10?—70?）、梅内劳斯（Menelaus，70?—140）、托勒密（Claudius Ptolemy，100?—170?）、丢番图（Diophantus，201?—285?）、帕波斯（Pappus，290?—350?）、席翁（Theon，335?—405?）……他们各自在几何光学、大地测量学、圆锥曲线、机械工程学、三角学、宇宙结构的数理模型、代数不定方程等领域留下了浓墨重彩的一笔。

形下谓器

是故形而上者谓之道，形而下者谓之器。化而裁之谓之变，推而行之谓之通，举而错之天下之民谓之事业。

——《易传·系辞传》

（接上页）(Christoph Clavius，1538—1612）的拉丁文评注版为底本合作翻译了《原本》的前6卷，定名为《几何原本》(1607年出版）。1856年，英国传教士伟烈亚力(Alexander Wylie，1815—1887）与晚清学者李善兰（1811—1882）以亨利·比林斯利(Henry Billingsley，1532—1606）的英译版为底本合作译出了后9卷（1857年出版）。20世纪初期，随着晚清“癸卯学制”的建立，以欧氏几何为基础的平面几何正式进入中学课堂，演化至今。

自阿基米德始，苏格拉底-柏拉图一脉的学术传统出现了明显的分化趋势，一个是亚里士多德一派所代表的自然哲学-博物学（Natural History），另一个是欧几里得、阿基米德一派所代表的数学（几何学）①——数理科学（Mathematical Science）。另外，亚里士多德和欧几里得都侧重于演绎证明与构建形式体系，如亚里士多德的形式逻辑学（Formal Logic）和欧氏几何学（Euclidean Geometry），而阿基米德的治学风格更接近于一位应用数学家，他的工作集中于一些具体问题的计算方法，见于他留下的手稿和与亚历山大师友的通信《论圆的度量》（*On the Measurement of a Circle*）、《抛物线求积》（*The Quadrature of the Parabola*）、《论螺旋线》（*On Spirals*）、《论球和圆柱》（*On the Sphere and the Cylinder*）、《论劈锥曲面和旋转椭球》（*On Conoids and Spheroids*）、《处理力学问题的方法》（*The Method of Mechanical Theorems*）、《论平面图形的平衡或其重心》（*On the Equilibrium of Planes or the Centres of Gravity of Planes*）、《论浮体》（*On Floating Bodies*）、《沙粒计数》（*The Sand Reckoner*）、《牛群问题》（*The Cattle Problem*）……又是一座拔地而起的金字塔。

> 给我一个支点，我就可以撬起地球。②
>
> ——阿基米德

或许，亚里士多德的自然哲学、欧几里得的几何学与阿基米德的应用数学（Applied Mathematics）一起参与构成了后世的自然科学或物理学（Physical Science）——这一点可能要到大约两千年后的 17 世纪，在一位英国巨人和一位德国巨人那里得到佐证。

---

① “几何学”（γεωμετρία/geo-metry）一词由 geo（大地，源自希腊神话中的大地女神盖亚 Gaea）和 metry（丈量）组成，意为“丈量大地”。

② 这句话的原文为 δῶς μοι πᾶ στῶ καὶ τὰν γᾶν κινάσω，最早见于帕波斯的记载。

风中的烛火

落日恋恋不舍地沉入海面，天幕下一片黯淡。阿基米德收敛起思绪，轻声一叹，默默走下城墙。

这一夜是月神阿尔忒弥斯（Artemis）的节日，叙拉古城内的居民与士卒将迎来一次惊世大捷背景下的狂欢。

此刻，这场胜利的唯一功臣——阿基米德正独自穿行于僻静的街道。三年的战争已经耗费了老人太多的精力，他务必要抓紧所剩无几的时间去完成那些常人看来稀奇古怪的证明。所以每当大胜归来，阿基米德总是选择避开欢呼雀跃的人群，悄然回到自己的书斋，继续自己未完成的工作。

万众欢腾的广场上，歌舞升平，醉生梦死。

宁静的书斋内，零星的烛火在强劲的晚风中摇曳身姿，几欲熄灭却又顽强地傲立窗前。灯火阑珊处，阿基米德正伏案在沙盘上争分夺秒，仔细推演着一个又一个复杂的几何公式。

兵无常势，水无常形。

——《孙子兵法·虚实篇》

所谓战局瞬息万变，胜负之势也在一念之间。广场上沸腾的人群哪里想得到，死亡的阴影已经笼罩在叙拉古城上空。

曾经，希腊联军的“木马计”（Trojan Horse）赚取天下坚城——特洛伊（Troy）十年未克的大门。

是夜，惊魂甫定的马赛琉斯终于等来了这千载难逢、一击必杀的战机。当听完侦察兵汇报时，这位在叙拉古城下屡战屡败的罗马宿将脸上终于露出了洞见曙光的微笑。

阿基米德，你是否知道？

你那最后的胜利

已经注定了叙拉古城的结局。

无知的代价

天明时分，城破的消息传来，叙拉古城陷入空前的骚乱。阿基米德仍旧没有停止工作，任凭亲人在一旁声泪俱下，苦苦相劝。

城池可以留给罗马人，但我不能把问题留给后世！

接下来的便是我们无数人自幼熟悉的场景。

一切皆在计算之中，老人依旧平静地继续工作，直到愚昧且暴躁的罗马大兵闯进了书斋。

不要弄坏我的圆！[①]

阿基米德呵斥道，这是他从未使用过的轻蔑语气。

战场上杀红了眼的屠夫哪里还顾及统帅马赛琉斯三令五申的告诫。

纵使你的智慧，神一般的存在；

任你的思索，洞穿宇宙本质。

只需一刀，即可了结，你脆弱的生命。

倒在血泊之中的阿基米德终究没有完成未解的几何题，无知的罗马士兵却为此付出了生命的代价。只留下失意的马赛琉斯，作为最终的“胜利者”落寞地走过自己为阿基米德树立的墓碑——圆柱内切球[②]。

---

① 这句广为流传的拉丁格言最早见于罗马帝国初期的作家马克西姆斯（Valerius Maximus）的记载。原文为：Noli turbare circulos meos! 与流传的版本不同，在马克西姆斯的文本中，阿基米德的语气近乎哀求。

② 阿基米德在《论球和圆柱》中讨论了圆柱内切球的几何性质，他计算出一个圆柱和它的内切球的体积比与表面积比都是3∶2。公元前75年，罗马共和国末期执政官、斯多葛（接下页）

沉沦

可知希腊诸岛，
飘荡着萨弗那炽热诗篇，爱的吟唱，
是杀伐与安宁之母港，
是德洛斯的升腾，阿波罗的故乡！
永恒之夏饰以金镀，
落日孤悬，万物沉沦之殇。[9]

——拜伦①《哀希腊》

历时三年的叙拉古之围以罗马共和国的胜利宣告结束，叙拉古城并入了罗马共和国的西西里行省，第二次布匿战争迎来了至关重要的转折点。

更为重要的是，阿基米德的陨落预示了希腊化时代的实质性终结：公元前48年，恺撒（Gaius Julius Caesar，公元前100—前44）的军队攻入亚历山大港烧毁了亚历山大图书馆。公元392年，确立基督教国教地位的罗马帝国末代皇帝狄奥多西一世（Theodosius Ⅰ，347—395）发布了异教禁令，基督徒洗劫并焚毁了亚历山大的异教神庙和残存的亚历山大图书馆。公元415年，亚历山大学派之孑遗、历史上第一位女数学家希帕提娅（Hypatia，370?—415）②卷入了政治纷争，被基督徒以异教女巫的罪名残忍杀害。公元529年，东罗马帝国皇帝查士丁

（接上页）学派的重要学者西塞罗（Marcus Tullius Cicero, 公元前106—前43）前往西西里担任罗马共和国派驻西西里行省的财务官，曾寻访到阿基米德之墓。

① 乔治·戈登·拜伦（George Gordon Byron，1788—1824），英国浪漫主义诗人。1809年，拜伦曾游历希腊故地。1823年，拜伦前往希腊参加了希腊反抗奥斯曼土耳其统治的独立战争。《哀希腊》（*The Isles of Greece*）出自拜伦创作的长诗《唐璜》（*Don Juan*，1818—1824）。

② 希帕提娅是亚历山大学派晚期学者席翁的女儿，曾协助其父整理、注释了欧几里得、阿基米德、阿波罗尼奥斯、丢番图等人的著作，她领导着亚历山大港的新柏拉图学派。

尼一世（Justinian Ⅰ，482?—565）下令关闭所有希腊学校，绵延近千年，几经兴废的柏拉图学园[①]终不免一朝覆灭的命运——辉煌灿烂的古希腊文明残阳欲坠，中世纪的阴影即将笼罩整个地中海世界。

这段承启百年、纵横千里的瑰丽神话最终被历史所封存，化为帕特农神庙（Parthenon）冰冷的残垣断壁。千年之后，当后世“爱智者”再次轻轻叩开它的大门时，阿基米德孤寂的墓碑已淹没在荒草之中，无迹可寻。

注　释

[1] 此句话的原文为：Δημόκριτον δὲ οἱ φθεῖρες, Σωκράτην δὲ ἄλλοι φθεῖρες ἀπέκτειναν。

[2] 此句话的原文为：γνῶθι σεαυτὸν!

[3] 此段话的原文为：Ist die Ironie des Sokrates ein Ausdruck von Revolte? von Pöbel-Ressentiment? geniesst er als Unterdrückter seine eigne Ferocität in den Messer-stichen des Syllogismus? rächt er sich an den Vornehmen, die er fascinirt?

[4] 此段话的原文为：Nachdem Buddha todt war, zeigte man noch Jahrhunderte lang seinen Schatten in einer Höhle, — einen ungeheuren schauerlichen Schatten.

[5] 此句话的原文为：Ἀγεωμέτρητος μηδεὶς εἰσίτω!

[6] 此段话的原文为：We can imagine that this complicated array of moving things which constitutes “the world” is something like a great chess game being played by the gods, and we are observers of the game. We do not know what the rules of the game are. All we are allowed to do is to watch the playing. Of course, if we watch long enough, we may eventually catch on to a few of the rules.

[7] 此句话的原文为：Amicus Plato, sed magis amica veritas!

[8] 此段话的原文为：Philosophy is like the mother who gave birth to and endowed all the other sciences. Therefore, one should not scorn her in her nakedness and poverty, but should hope, rather, that part of her Don Quixote ideal will live in her children so that they do not sink into philistinism.

[9] 此段话的原文为：The Isles of Greece, the Isles of Greece! Where burning Sappho

① 公元前 1 世纪初，柏拉图创立的学园毁于罗马扩张的战火。公元 4 世纪到 5 世纪初，重建的雅典学园与亚历山大学派逐渐成为新柏拉图主义（Neo-Platonism）的重镇。

loved and sung, where grew the arts of war and peace, where Delos rose, and Phoebus sprung! Eternal summer gilds them yet, but all, except their sun, is set.

第二章　逃离伊甸园

无穷无尽的争论

你可以怀疑星辰即火焰；
你可以怀疑日轮运转；
你可以怀疑真理成为谎言；
但不要怀疑我爱不变。[1]

——莎士比亚 《哈姆雷特·第二幕》

天道往复，万物周行。这是一场无穷无尽的争论，以及没完没了的“圆”……

圣徒的葬礼

主！请赐予他们永恒的安息①……

——莫扎特 《安魂曲》

2010年2月19日，化学元素周期表再添新丁。德国亥姆霍兹重离子研究中心（GSI Helmholtz Centre for Heavy Ion Research）对外郑重宣布，经国际纯粹与应用化学联合会（International Union of Pure and Applied Chemistry，IUPAC）确认，由该中心于1996年人工合成的第112号元素被正式命名为Copernicium（中文名称为“镉”），元素符号记为Cn，以纪念近代天文学之父、波兰民族的骄傲——尼古拉·哥白

① 这是天主教安魂弥撒唱词的首句，原文为：Requiem aeternam dona eis, domine…

尼（Nicolaus Copernicus，1473—1543）。

2010年5月22日，在波兰母亲河——维斯瓦河（Vistula）畔举行了一场隆重的葬礼。在悄然辞世近500年后，虔诚的天主教士哥白尼如圣徒般归来，他默默无闻数个世纪的灵柩被重新安放在自己生前辛勤工作三十余年的弗龙堡大教堂（Frombork Cathedral）。

管风琴奏鸣出哀婉的安魂曲，神情凝重的司铎喷洒圣水，这是属于哥白尼的迟来的最后弥撒。

富丽堂皇的教堂穹顶之下，这位“圣徒”的心脏已经停跳了四百多年。余下的岁月，与他常伴的将是一尊黑色花岗岩墓碑——水星、金星、地球、火星、木星、土星各安其位，一道拱卫处于宇宙中心的太阳。

主！我不能乞求你赐予圣保罗的信仰；我也不敢奢望你赐予圣彼得的仁慈；主！你赐予垂死右盗的恩典①，请赐予我。[2]

——哥白尼逝世前自拟的墓志铭

冰冷的棺椁之外，神父、学者、记者、官吏及一切好事之徒，无不亢奋地述说着“科学”与“宗教”、“理性”与“信仰”纠缠千年不休的恩恩怨怨、是是非非……

① 圣保罗（拉丁名 Paulus，音译为“保禄”），早期基督教会领袖之一，他积极在罗马帝国东部地区（希腊化地区）传教，一方面加速了基督教与犹太教传统的分离，另一方面促进了基督教与古希腊哲学的交流融合（以辩论对抗的形式）；圣彼得（拉丁名 Pertrus，音译为“伯多禄”），早期基督教会领袖之一、“十二使徒”（Twelve Apostles）之一，被罗马公教会（天主教会）奉为第一任教宗（pope）；右盗，据《马太福音》（*The Book of Matthew*）和《路加福音》（*The Book of Luke*）记载：与耶稣同时受刑钉十字架的有两个盗贼，分别在耶稣左右，习称“左盗”和“右盗”，其中一个盗贼（一般认为是“左盗”）与众人一起嘲笑耶稣，另一个盗贼（一般认为是“右盗”）斥责“左盗”并向耶稣忏悔，耶稣对“右盗”说：“今日你将与我同在乐园。”（Today shalt thou be with me in paradise.）。

至大论

大哉乾元，万物资始，乃统天……

——《易传·彖传》

这场是非恩怨难免要从亚历山大学派的一位巨擘——克劳狄乌斯·托勒密（Claudius Ptolemy，100?—170?）讲起。

十分遗憾，这位集天文学家、地理学家、数学家、光学家于一身的学者，他的生平已如风化的碑文，模糊得不堪辨认。如今，我们对他的记忆几乎都集中于一部影响深远的著作——十三卷《大论集》（*Magna Syntaxis*），古希腊天文学的集大成之作。

集大成也者，金声而玉振之也。

——《孟子·万章下》

所谓“集大成”，主要指托勒密在前人工作基础上完善的“地心说”（Geocentrism）[①]。这是整个古希腊天文学的杰作，针对古希腊天文观测所及的“宇宙”，它给出了一个关于“宇宙”结构的几何图像，而作为一个可以推衍的数学模型，它也需要在其描绘的“宇宙”中安放没完没了的“圆”——这将是后世一千多年欧洲天文学的基本工作……

至古希腊的文明火种东传，托勒密的《大论集》被工于巧思的阿拉伯学者奉为“伟大之至”的经典，遂名之以《至大论》(*Almagest*)[②]。

---

① “地心说”与“永动机”“黑体”等类似，都是容易望文生义的中文名词。

② 这本书最早的希腊语书名是 Μαθηματικὴ Σύνταξις（拉丁名 Syntaxis Mathematica），后来常被称为 ‘Η Μεγάλη Σύνταξις（拉丁名 Magna Syntaxis），即《大论集》。其中 Magna 意为“伟大”（great），阿拉伯学者冠以“至大”（greatest）之名，将书名译为阿拉伯语 al-majisti，后经中世纪西欧学者用拉丁文撰写，最终成为 Almagest。

圜则九重，孰营度之？

圜则九重，孰营度之？

——屈原《天问》

用几何对象球或圆来描述世界的思想可以追溯到“前苏格拉底时代”的早期自然哲学家，包括毕达哥拉斯领导的毕达哥拉斯学派和巴门尼德（Parmenides，约公元前6世纪末至公元前5世纪初）[①]领导的埃利亚学派（Eleatic School）。他们（主要是毕达哥拉斯学派）认为平面的圆和立体的球具有完全的对称性，是最完美的几何图形，可以体现“宇宙”（cosmos）[②]的“和谐”——大地是完美的球形，位居宇宙的中心，被8个巨大的透明天球（celestial sphere）所包围；球形的天体镶嵌在各自天球上，它们分别在不同的平面上以地球为中心各自做匀速圆周运动……

后之来者对这个同心球宇宙的图像青睐有加。然而，毕达哥拉斯学派引进的天球所描述的是理想匀速圆周运动，这8个天球还不足以刻画不规则的实测天体运动。

在探讨宇宙生成的《蒂迈欧篇》中，对毕达哥拉斯派学说用功颇深的柏拉图阐发了“万物周行”（circular motion of all things）的观念，从这个基本观念出发，柏拉图向众生发问：如何用规则的匀速圆周运动组合出不规则的实测天体运动？[③]

继承毕达哥拉斯和柏拉图两大学派的欧多克斯把天球数增加到27

① 巴门尼德，古希腊早期的自然哲学家，受毕达哥拉斯学派的影响，埃利亚学派的领袖，主张世界的本原是不变动的“是者”（being），论证运动不存在的芝诺（Zeno of Elea，公元前490?—前430?）是他的学生。

② 毕达哥拉斯学派用 κόσμος（cosmos）指谓宇宙，体现音律一般的和谐秩序。

③ 这个问题见于新柏拉图学派的哲学家辛普里丘（Simplicius of Cilicia，490?—560?）为亚里士多德的《论天》（*On the Heavens*）所作的注释中。

个，其中诸恒星 1 个，月球和太阳各 3 个，水星、金星、火星、木星、土星各 4 个。欧多克斯的弟子卡里普斯（Callippus，公元前 370?—前 300?）将天球数增加到 34 个，其中诸恒星 1 个，月球、太阳、水星、金星和火星各 5 个，木星和土星各 4 个。最终完善同心球模型的是亚里士多德。一方面，为了进一步揭示天体运动现象背后的机制，亚里士多德将天球设想为第五元素“以太”（aether）①构成的实体，通过相互作用，由外而内，层层传动。每层天球有“不被推动的推动者”（unmoved mover）作为“目的因”②，诸天之外有一个“第一推动者”（prime mover）推动最外层的“恒星天”（sphere of fixed stars）。另一方面，亚里士多德为了抵消天体附加天球对下一个天体运动的影响，在卡里普斯模型的基础上增加了 22 个反向运转的天球，其中太阳、水星、金星和火星各 4 个反向天球，木星和土星各 3 个反向天球，天球总数达到 56 个。

越来越多的天球仍然不能消解以地球为中心的同心球模型的先天缺陷——各个天体到地球的距离（即地心体系中天体的公转半径）是不变的，而当时的天文学家观测到金星、火星等亮度的变化及日全食和日环食月影大小的区别，这些现象促使他们普遍相信各个天体与地球的距离会改变。

对“柏拉图之问”的探索进入一个新的阶段。在不改变地球宇宙中心地位的前提下，亚历山大学派的阿波罗尼奥斯（Apollonius，公元前 262?—前 190？）与在罗德岛（Rhodes）③建立天文台的喜帕恰斯（Hipparchus，公元前 190?—前 120？）引入三个全新的几何结构：本

---

① 古希腊早期的自然哲学家恩培多克勒（Empedocles，公元前 495?—前 435?）将火（fire）、空气（air）、水（water）、土（earth）四大元素作为万物的本原，亚里士多德将第五元素“以太”视为形成天球实体的质料。

② 亚里士多德在《物理学》与《形而上学》中将事物运动的理由归结为“四因”，即质料因（material cause）、形式因（formal cause）、动力因（efficient cause）和目的因（final cause）。

③ 罗德岛上曾有“世界七大奇迹”之一的阿波罗巨像。

轮（epicycle）、均轮（deferent）和偏心轮（eccentric）[①]——万事俱备，只需“集大成者”托勒密登场了。在《至大论》中，托勒密引入“匀速对称点”（equant point）设计了一套更精密的几何结构……

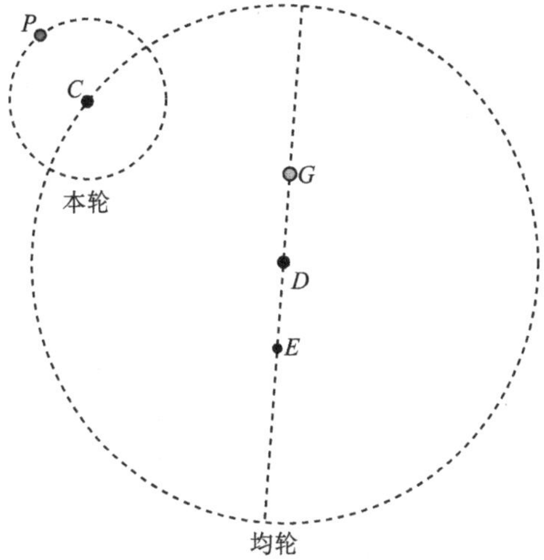

托勒密模型示意图

P 为天体，*C* 为本轮圆心，*G* 为地球，*D* 为均轮圆心，*E* 为匀速对称点，*G*、*E* 关于 *D* 对称。天体 *P* 相对于本轮圆心 *C* 做匀速圆周运动，本轮圆心 *C* 在均轮上做圆周运动且相对于匀速对称点 *E* 保持速率不变

借助这套精密的几何模型[②]，通过调整地球与匀速点的距离、本轮与均轮的半径比、本轮与均轮运动转速、本轮平面与均轮平面夹角直至叠加一个又一个本轮，托勒密及其后继者可以组合出需要的各种天体运动与实测结果相比较——这要以没完没了的“圆”和烦琐的计算为代价，而在相当长的历史时期，这样的代价都是值得的。

从毕达哥拉斯到托勒密，相较于某个具体的宇宙结构模型，古希腊学者以简单周期运动的组合叠加协调理论（本质）与经验（现象）

① 今天使用的术语 deferent 和 eccentric 都是形容词。

② 实际上针对不同天体，托勒密模型还需要引入一系列假设。

的思维模式有更深远的意义。“柏拉图之问”连同那些没完没了的“圆”作为一种“顽固的世界观”，将穿越整个历史——1822 年，近代法兰西科学黄金时代的缔造者之一，让-巴普蒂斯特·约瑟夫·傅里叶（Jean-Baptiste Joseph Fourier，1768—1830）出版了巨著《热的解析理论》（*Théorie Analytique de la Chaleur*）。自此，在更普遍意义上运用周期运动的解析世界的手段“傅里叶分析”（Fourier analysis）如一股强劲的“热流”（heat flow）逐步渗透到未来的方方面面……

天方夜谭

周公殁，圣人之道不行；孟轲死，圣人之学不传。

——程颐 《明道先生墓表》

在绝大多数人的印象中，“地心说”是与天主教会和中世纪（Middle Ages）紧密联系在一起的，亚里士多德、托勒密等人的学说要主宰西欧一千多年。然而在 12 世纪以前，对天主教会势力范围内的西欧而言，精密的“地心说”之类的古希腊文明遗产尚属“天方夜谭”——远在“天方”[①]，鲜为人知。

公元 7 世纪到 10 世纪，西欧还处于西罗马帝国（395—476）崩溃后的“黑暗世纪”（Dark Ages），正是“天方”——伊斯兰世界——的“黄金时代”。伴随伊斯兰教的兴起与传播，地跨亚、欧、非的阿拉伯帝国（632—1258）逐渐形成：公元 8 世纪中叶，阿拉伯帝国新兴的阿拔斯王朝（Abbasid Dynasty）[②]在西域击败了全盛的唐帝国，逐步夺取了中亚地区的丝路霸权。同一时期，被阿拔斯家族推翻的倭马

① 汉语中的“天方”原来特指伊斯兰教的发祥地麦加（Makkah），后来泛指阿拉伯或伊斯兰地区。

② 阿拔斯王朝是阿拉伯帝国第二个世袭王朝，服色尚黑，中国史书称之为“黑衣大食”。

亚家族以西班牙为中心重建倭马亚王朝（Umayyad Dynasty）[①]。10世纪初，什叶派穆斯林[②]控制北非，以埃及为中心建立了法蒂玛王朝（Fatimid Dynasty）[③]……大大小小割据政权组成的伊斯兰世界控制了从西班牙到印度北部、从北非到中亚的广袤地域，以地中海为中心，与继承西罗马帝国法统的天主教会（罗马公教会，Roman Catholic）统帅的西欧诸邦国、尊奉东正教会（希腊正教会，Greek Orthodoxy）的东罗马帝国（395—1453）呈三足鼎立之势。

公元830年，阿拔斯王朝在首都巴格达创立了“智慧宫”（House of Wisdom）[④]——伊斯兰的亚历山大图书馆。渴求知识的穆斯林通过传教、贸易、外交、战争等手段（包括以重金向统治希腊故地的东罗马帝国购买古希腊手稿）汇集东西方文化遗存，伊斯兰教学者与犹太教学者、基督教学者合作翻译、整理和研究古希腊、古波斯、古印度和中国的技艺与哲学，其中有来自中国的造纸术、黑火药，也有来自古希腊欧几里得的《原本》、托勒密的《至大论》……

迟来的教条

西欧重新发现古希腊是通过与东罗马和伊斯兰的混战开始的。

公元8世纪到13世纪，西欧的天主教势力通过“收复西班牙”（Reconquista/Reconquest of Spain，710—1492）、“十字军东征”（Crusades，1095—1291）等一系列军事扩张，使得东罗马和伊斯兰保

---

① 倭马亚家族建立了阿拉伯帝国第一个世袭王朝，后被阿拔斯王朝取代，在西班牙重建的倭马亚王朝称为“后倭马亚王朝”，服色尚白，中国史书称之为“白衣大食”。

② 阿拉伯帝国奠基人、伊斯兰教先知穆罕默德（Muḥammad，570?—632）去世后，由于继承人问题的分歧，伊斯兰教逐步分裂为逊尼派（Sunnite）和什叶派（Shiite）两大派和一些小派系。8世纪中叶，阿拔斯家族借助什叶派的力量推翻了倭马亚王朝，建立了阿拔斯王朝。

③ 法蒂玛王朝由什叶派穆斯林建立，服色尚绿，中国史书称之为“绿衣大食”。

④ 公元1258年，孛儿只斤·旭烈兀（成吉思汗之孙、拖雷六子、伊尔汗国的建立者）率领蒙古西征军攻陷巴格达，阿拉伯帝国覆灭，“智慧宫”毁于战火。

存的古希腊文献大规模回流西欧。大量希腊文和阿拉伯文著作被西欧天主教学者翻译为拉丁文，促进天主教“经院哲学”（scholasticism）走向空前繁荣，也导致了整个天主教世界陷入分裂：教会大学的经院哲学家兴致勃勃，掀起评注和传播古希腊文献的潮流；教会高层则冷眼相向，延续罗马帝国时期的传统，将古希腊学者的学说视为有损信仰的异端，极力压制——在14世纪之前，重返西欧的亚里士多德、托勒密等人在正统天主教徒眼中都是不受欢迎的异教徒。

为了弥合教会内部的分歧，经院哲学家试图将亚里士多德集大成的哲学体系——尤其是亚里士多德、托勒密等人描绘的宇宙图像——与教会的最高权威《圣经》信仰统一起来，他们要向《圣经》寻求天体绕地球运转的“证据”……

当耶和华将亚摩利人交付以色列人的日子，约书亚就祷告耶和华，在以色列人眼前说：“日头啊，你要停在基遍；月亮啊，你要止在亚雅仑谷。”

于是日头停留，月亮止住，直等国民向敌人报仇。这事岂不是写在《雅煞珥书》上吗？日头在天当中停住①，不急速下落，约有一日之久。[3]

——《旧约·约书亚书》②

太阳如同新郎出洞房，又如勇士欢然奔路。

它从天这边出来，绕到天那边，没有一物被隐藏不得他的热气。

耶和华作王，他以威严为衣穿上。耶和华以能力为衣，以能力束腰，世界就坚定，不得动摇。[4]

——《旧约·诗篇》

在接下来的近四百年中，亚里士多德或托勒密被打造为传递上帝

① 我们在说某个对象“停止”时，隐含了它本来处于“运动”的前提。
② 本书涉及《圣经》内容均引自“詹姆士王英译本”（King James Version, KJV）。

话语的“摩西”（Moses）[①]，“地心说”被奉为教会新的教条。有新的教条，也就会有新的异端——这样的故事在历史上不会只发生一次。

20 世纪 30 年代，执掌德国政局的纳粹掀起了所谓的“雅利安科学”（Aryan Science）运动，大肆迫害德裔犹太科学家，为 20 世纪初物理学革新建有定鼎之功的数位巨擘被迫出走英美，而作为世界数学中心的哥廷根学派元气大伤，19 世纪下半叶以来德国乃至整个德语区的世界科学中心地位一去不复返。

20 世纪 40 到 60 年代，苏联当局开展了轰轰烈烈的批判所谓“资产阶级科学”运动，诸如相对论、量子力学、基因理论、共振理论、控制论等现代科学基石均被斥为“反动”“唯心主义”的“资产阶级伪科学”加以否定，并通过政治手段扶植起了诸如“米丘林生物学”（Michurinstic Biology）一类学说，这场闹剧席卷了整个东方阵营，在一些兄弟国家中甚至更为激烈。

“冷战”伊始的 1951 年到 1954 年，美国实行“麦卡锡主义”（McCarthyism），在科学界清除所谓的“共产主义分子”，许多优秀的科学家受到迫害，美国科学研究一度受到重创。

……

悄无声息的革命

自然科学借以宣布其独立并且好像是重演路德焚烧教谕的革命行为，便是哥白尼那本不朽著作的出版，他用这本书（虽然是胆怯地而且可说是只在临终时）来向自然事物方面的教会权威挑战。从此自然科学便开始从神学中解放出来……[5]

——恩格斯《自然辩证法·导言》

---

① 摩西是犹太人的领袖，被犹太教、基督教和伊斯兰教奉为“先知”。据《出埃及记》（*The Book of Exodus*）记载：摩西受上帝之命带领被奴役的犹太人离开埃及，在西奈山（Mount Sinai）领受上帝颁布的“十诫”（Decalogue）。

1520 年 12 月 10 日，自诩为“粗野、狂暴、激烈、好战”的德意志教士马丁 · 路德（Martin Luther，1483—1546）当众焚毁了教宗的教谕，以示同罗马天主教会彻底决裂，掀起了宗教改革（Reformation）的高潮……

1543 年 5 月 24 日，缄默、温和、虔诚的波兰天主教士哥白尼走到了传奇一生的尽头。弥留之际的神父收到了最后一份礼物——刚出版的《天球运行论》（*De Revolutionibus Orbium Coelestium*）。

这是一个悄无声息的瞬间，在文艺复兴（Renaissance）的洪流巨浪中毫不起眼，然而这个瞬间的到来却需要上千年的历史积累。

公元前 5 世纪左右，毕达哥拉斯学派的菲洛劳斯（Philolaus，公元前 470?—前 385?）另辟蹊径，主张宇宙的中心是一团永恒燃烧的火（central fire），地球、月球、太阳、水星、金星、火星、木星、土星、诸恒星所在天球均绕其旋转。为了将天球数量凑成毕达哥拉斯学派所推崇的“神圣的十”（Sacred Decad），菲洛劳斯在中央火和地球之间引入了一个天体“安提希翁”（Antichthon）[①]。当然，菲洛劳斯不得不给出一种特殊的运行机制[②]确保地球上的人既看不见宇宙中心的火，也看不见“安提希翁”。公元前 3 世纪左右，亚历山大学派的阿里斯塔克（Aristarchus，公元前 310?—前 230?）用几何方法以地球半径为单位长度测算了太阳和月球的大小及各自到地球的距离。另外，阿里斯塔克做了一个极其大胆的尝试，他主张太阳是宇宙的中心，它和遥远的诸恒星保持静止，地球每个昼夜自转一周，每年绕太阳公转一周。如果进一步假定其他行星也绕太阳公转，那么地球与其他行星的距离就不再保持不变，这个“日心说”（Heliocentrism）的雏形可以解释地球上观测到各天体亮度的变化——这是阿波罗尼奥斯之前，地心体系挥之不去的阴影……

---

① Antichthon，希腊语为 Ἀντίχθω，意为“地球的对立物”（Counter-Earth）。

② 由于年代久远、史料缺乏，后世学者对菲洛劳斯设计的特殊机制尚存争议。

1700多年后，天文学家哥白尼与他的前辈们一样，需要面对“柏拉图之问”。一边是托勒密留下没完没了的“圆”，亟待删繁就简；一边是阿里斯塔克模糊的只言片语①，需要精细加工，哥白尼把赌注压在了阿里斯塔克一边，但丝毫不影响他从托勒密那儿继承那里没完没了的“圆”。与托勒密相比，哥白尼对柏拉图青睐的匀速圆周运动有更顽固的执念，他舍弃了托勒密引入的匀速对称点，退回到阿波罗尼奥斯和喜帕恰斯的本轮——均轮和偏心轮模型，以此展开自己的日心体系——与其说是“革命”②，不如说是“复古”。

中风带来的半身不遂折磨着濒临死亡的学者，病床上的哥白尼奄奄一息。他艰难地摩挲着新书封面，一时两行热泪，百感交集——宏大的历史砸向沉重的现实，火花四溅，风雷激荡……

奥赛安德尔的把戏

有许多时候，最简单的和最无分歧的真理，在它能传播以前须伪装一下；最人道和最神圣的思想，得像小偷一样戴上假面具并蒙上面纱偷偷摸摸地从后门运出，因为前门有巡捕和当局的雇佣军们看守着。[6]

——茨威格 《异端的权利》

这部凝聚了哥白尼毕生心血的著作首版刊印于德意志文艺复兴中心——纽伦堡（Nuremberg），负责印刷出版的路德会牧师奥赛安德尔（Andreas Osiander，1498—1552）自行在哥白尼给教宗保罗三世

---

① 阿里斯塔克关于日心体系的只言片语见于阿基米德的《沙粒计数》（*The Sand Reckoner*）。

② 英文中的revolution（革命）来自拉丁文的revolutio，原意为“旋转”。《天球运行论》（*De Revolutionibus Orbium Coelestium*）书名中的revolutionibus是revolutio的复数夺格，书名的直译为“论天球的旋转”（旧译为“天旋论”）。《天球运行论》中的哥白尼日心体系：太阳在宇宙的中心，水星、金星、地球、火星、木星、土星六行星各自绕太阳做匀速圆周运动；月球是地球的卫星，每月绕地球转一周，同时与地球一起绕太阳公转；诸恒星静止，与太阳的距离远远大于日地距离。在《天球运行论》出版前，哥白尼曾为自己的日心模型写过一篇《要释》（*Commentariolus*），其中提到自己用34个圆就可以解释宇宙的结构。

（Pope Paul Ⅲ，1468—1549）的献词前面增加了一个匿名的前言《关于本书的假说告读者》（*Ad Lectorem de Hypothesibus Huius Operis / To the Reader Concerning the Hypotheses of This Work*）。这篇前言强调，本书理论并非描述天体在宇宙中的真实运动，而仅仅是天主教士哥白尼数十年来编算星表、修订历法的个人经验总结，是统一演算与观测的一种手段。

奥赛安德尔释放的这颗“烟幕弹”成为一个经典把戏，开启了《天球运行论》诡异的命运——马丁·路德极尽鞭挞，天主教会置若罔闻。直到1616年，恍然大悟的罗马教廷才对在天文学家之间悄悄流传了70多年的《天球运行论》下达了禁令。

新的狂热

1600年2月17日，罗马鲜花广场。

市民们涌上街头，竞相前来观看一个被罗马教廷斥为妖孽的哲人是何等模样。

乔达诺·布鲁诺（Giordano Bruno，1548?—1600），一位意大利天主教士、神秘主义者（Occultist），宗教裁判所（Inquisition）判决的异端，今天即将向自己的异教信仰献祭生命。

在迟疑的哥白尼之后，在一种不可抑制的亢奋中，布鲁诺终于以一个异教信仰的斗士、天主教会的反叛者身份登上了历史舞台。在《论无限、宇宙与诸世界》（*De l'infinito, universo et mondi*，1584）中，天文学家留给他的“日心说”是通向无边无际隐秘世界的阶梯，是复兴古代太阳崇拜的钥匙。

地球不是宇宙的中心，
因为有太阳；
太阳也不是宇宙的中心，
因为还有无数个太阳。

狭隘的托勒密，

怯懦的哥白尼，

无限的宇宙，

渺小的人类！

关乎信仰的狂妄触动了罗马教廷敏感而脆弱的神经，等待布鲁诺的是梵蒂冈彻底的愤怒。这一天，他享受到了至高无上的罗马教廷给予无数异教徒、吸血鬼、女巫……的“最高待遇”——火刑。

在教士们诡异的祷告声中，在围观市民麻木的目光中，布鲁诺从容走上刑场。激进的哲人在这一刻归复平静，他要用革命者的生命完成天文学家哥白尼所不能完成的使命，他选择以胜利者的姿态走向死亡，而未来的胜利者不需要此刻的辩护。

只有火能涤荡你“罪恶”的灵魂……熊熊烈焰吞噬了殉道者的生命，火光却映照出教廷的恐惧。对异教徒布鲁诺来说，这是一个必要的宗教仪式，它奠定了新的狂热，也预示了一个风云际会、群雄逐鹿的新时代。

星空立法者

安逸的伊甸园，潜入了撒旦的使者。

是本能的渴望，还是毒蛇的诱惑？

智慧树的禁果，换来被驱逐的罪恶。

从天堂的宁静，到尘世的浑浊。

背弃了上帝的怀抱，谁来奠定苍穹的法则？

14 世纪到 17 世纪的西欧处于重新发现人与自然的文艺复兴阶段，中古世界和近代世界在这里交错重叠，人文主义（humanism）、新柏拉图主义（Neo-Platonism）、古代东西文明的神秘主义（occultism）、不列颠经院哲学孕育的“实验科学”（scientia experimentalis）……新旧事物频繁地交流碰撞、对抗融合。为天主教会正统势力所不容的古代异教占星术（astrology）、炼金术（alchemy）、魔法（magic）、通灵术（spiritualism）……以“隐秘知识”（occulta scientia）的面目重登舞台，而近代意义上的数学、物理学、天文学、化学、医学……正是在对“奇异知识”的“祛魅”（disenchantment）[①] 中逐渐成形的……

占星家的继承人

自古受命而王，王者之兴何尝不以卜筮决於天命哉！其於周尤甚，及秦可见。代王之入，任於卜者。太卜之起，由汉兴而有。

——司马迁 《史记·日者列传》

1601年10月24日，神圣罗马帝国（Holy Roman Empire）皇帝鲁道夫二世（Emperor Rudolph Ⅱ，1552—1612）的驻地布拉格。

御前天文学家、“星学之王”第谷·布拉赫（Tycho Brahe, 1546—1601）走到了生命的尽头。虚弱的第谷将自己不久前延揽而来的年轻人唤到床前。是时候完成自己一年前就酝酿好的仪式了——眼前这个相识仅一年的助手：约翰内斯·开普勒（Johannes Kepler，1571—1630），一个日耳曼没落贵族的儿子，一年前来到布拉格，作为第谷·布拉赫的助手在天文台辛勤地工作。现在他将以“星学之王”继承人的身份获得第谷留下的全部观测资料与精密仪器。

第谷的遗嘱旋即在沉寂的布拉格宫廷激起波澜。臃肿的布拉赫家族第一时间向至高无上的皇帝表达了他们对第谷临终安排的不满，这

① “祛魅”（Entzauberung）一词源于德国诗人弗里德里希·冯·席勒（Johann Christoph Friedrich von Schiller，1759—1805）和社会学家马克斯·韦伯（Karl Emil Maximilian Weber，1864—1920），意指从宗教社会向世俗社会过程中对旧体系中某个对象神秘性与神圣性的消解。

些来不及悲伤的逝者亲属乞求帝国的主宰准许他们夺回天文台的“遗产”——那是这个家族维系皇帝恩宠的救命稻草。然而，鲁道夫二世似乎更关心是否能继续从天文台追踪的周天星象里获知军国大事的福祸吉凶，所以他并不理会叽叽喳喳的布拉赫一家老小，爽快地授予了第谷亲自挑选的继承人御前天文学家——皇室占星家——的荣耀。

第三条道路

谁想要获得揭示事物真相的快乐，谁就得知道如何献身于经验……[7]

——罗吉尔·培根①《大著作》

1560年8月21日，年轻的丹麦贵族第谷·布拉赫在哥本哈根遭遇了日偏食。当时天文学家给出的理论预测与这一天象的实际发生存在一天的误差，第谷·布拉赫意识到更精确的理论预测依赖于更精确的天文实测，这构成了他之后四十年矢志不渝的奋斗目标。

1572年的超新星（SN 1572）②观测和1577年的大彗星（C/1577 V1）观测奠定了第谷·布拉赫在天文实测领域的地位，也给天主教会钦定的亚里士多德宇宙图像带来了不小的冲击。在亚里士多德的宇宙图像中，诸如超新星爆发、彗星这一类生灭无常的现象只能发生在“月轮天”（lunar sphere）以下、大气层以内的尘世，更高层的天球是不生不灭的永恒世界。第谷·布拉赫通过各种仪器测量超新星、大彗星的高度和位置变化，结果显示超新星爆发“应该”发生在遥远的

① 罗吉尔·培根（Roger Bacon，1219?—1292?），13世纪英国经院哲学家、法兰西斯会修士（Franciscan，也称“方济各会修士”）。1267年，罗吉尔·培根向罗马教宗克莱门特四世（Pope Clement Ⅳ，1190?—1268）敬献了《大著作》（*Opus Majus*）、《小著作》（*Opus Minus*）、《第三著作》（*Opus Tertium*）阐述自己的经验论哲学。

② 这颗超新星被命名为“第谷超新星”（Tycho’s Supernova）。

“恒星天”，而彗星则可以在一个很大的空间尺度上穿越以太构成的各层天球。最迟到1588年，第谷·布拉赫在《论新的天象》(*De Mundi Aetherei Recentioribus Phaenomenis Liber Secundus*)[①]中作出了当时看起来非常艰难的一个决定——抛弃古希腊到哥白尼的“天球”观念!

与小心翼翼的哥白尼不同，第谷·布拉赫得到了足以与天主教廷相抗的世俗统治者的大力支持——直到今天都为后人艳羡不已。

1576年，丹麦国王弗雷德里克二世(King Frederick Ⅱ，1534—1588)将汶岛(Island of Hven)赐予第谷·布拉赫，并划拨重金支持他的天文实测。当然，与后来的神圣罗马帝国皇帝鲁道夫二世类似，弗雷德里克二世重礼延聘而来的第谷·布拉赫首先是一位欧洲一流的占星家。之后的二十年，第谷·布拉赫在汶岛兴建了西欧历史上第一个大型天文观测基地，包括两座极其重要的天文台“天堡”(Uraniborg)和“星堡”(Stjerneborg)[②]，以及象限仪(quadrant)、纪限仪(sextant)[③]等17台天文仪器。在这厄勒海峡(Øresund)一隅，第谷·布拉赫的工作达到了天文望远镜发明和使用以前天文实测的精度巅峰，其所依靠的除了这些得天独厚的“资本”外，更有日复一日的孤独：当经院哲学家与“异教徒”旷日持久的唇枪舌剑(当然也包括监禁、火刑……)弥漫欧陆之时，还有人在一个又一个寂静的夜晚与星空对话——那是经年累月收集数据的艰辛，是混合了枯燥、孤独、封闭甚至绝望的痛苦折磨。

---

① 《论新的天象》(*De Mundi Aetherei Recentioribus Phaenomenis Liber Secundus*)，书名直译为“关于近来天象的第二本书”，是两卷本《新天文学导论》(*Astronomiae Instauratae Progymnasmata*)的第二卷。

② “天堡”得名于希腊神话中掌管天文的缪斯女神乌拉尼亚(Urania)，“星堡”得名于拉丁语中的Stellae，即“恒星”(star)。第谷·布拉赫在《新天文仪器》(*Astronomae Instauratae Mechanica*，1598)中描绘了自己利用安置在天堡的“大墙象限仪”(large mural quadrant)观测天体。背景描绘了天堡顶层的天文观测仪器、中层图书馆里的天球仪和底层的炼金术实验室。

③ 象限仪用来测量天体地平高度，纪限仪用来测量两颗恒星的角距离。纪限仪的英文为sextant，与航海用的六分仪(英文也是sextant)不同。

在“地心说”与“日心说”之间，第谷·布拉赫在《论新的天象》中尝试了一条不同的道路——调和托勒密和哥白尼的“折衷体系”（Geo-heliocentrism）[①]。在这个被称为“第谷体系”的宇宙模型中，地球仍然处于宇宙的中心，月球和太阳围绕地球运转，而五大行星则围绕太阳运转。第谷·布拉赫有保留地接受“日心说”，源自他对哥白尼体系的疑虑。与许多经院哲学家不同，第谷·布拉赫的疑虑除了来自一些固有观念外[②]，更多建立在自己天文实测经验的基础上——自阿里斯塔克以来，日心体系预言的恒星周年视差（annual parallax）[③]是实测验证“日心说”一直欠缺的重要一环，以观测精度冠绝欧陆的第谷·布拉赫也无法观测到。

17世纪上半叶，第谷的“折衷体系”由天主教廷派出的耶稣会士（Jesuit）[④]引介入中国，参与明清之际的历法改革，之后作为官方天文学说在清朝沿用了两百多年。

相交的平行线

君子和而不同……

——《论语·子路》

1588年，第谷·布拉赫的资助人弗雷德里克二世去世，丹麦王室对汶岛的热情逐渐消退。1597年，第谷·布拉赫离开了奋斗二十年的汶岛。1599年，他接受了波西米亚的神圣罗马帝国皇帝鲁道夫二世的

① 这种观念可能源自柏拉图的学生赫拉克利德（Heraclides，公元前390?—前310？），他认为水星和金星绕太阳运转，又与太阳一起绕地球运转。

② 比如第谷·布拉赫认为地球太“笨重”，难以运动。

③ 在日心体系中，由于地球绕太阳公转，在地球上观察远处一颗静止恒星的方向将不断改变，即产生恒星视差现象。当地球绕太阳公转半周时，恒星视差达到极大，称为“恒星周年视差”。

④ 耶稣会（Society of Jesus, S.J.）是罗马天主教廷为了应对宗教改革势力建立的修会。明清之际，大量耶稣会士来到中国传教，促进了东西方交流。

邀请前往布拉格，在生命中仅剩的两年时光中，第谷·布拉赫将完成自己“最后的任务”……

1596 年，奥地利格拉茨（Graz）一所路德会神学院的数学和天文学教师兼占星家约翰内斯·开普勒出版了他的第一部作品《宇宙的奥秘》（*Mysterium Cosmographicum*）。在这部初试锋芒的作品中，开普勒承袭了毕达哥拉斯与柏拉图的神秘主义启示，那些被赋予神秘隐喻的“柏拉图多面体”（Platonic Polyhedra）被他用来构造自己的日心体系：围绕太阳运转的水星、金星、地球、火星、木星、土星共 6 层天球，每相邻两层天球之间镶嵌一个柏拉图多面体用以确定天球间的相对大小，每个柏拉图多面体外切于内层天球而内接于外层天球，其中水星与金星之间为正八面体，金星与地球之间为正二十面体，地球与火星之间为正十二面体，火星与木星之间为正四面体，木星与土星之间为正六面体（立方体）。

正是这个充斥各种隐秘符号、占星术色彩浓厚的宇宙模型让毕生于浩淼苍穹追索星辰的第谷·布拉赫在尘世中感应到了一颗巨星的存在。

1599 年，在天主教会与路德会愈演愈烈的争斗中看不到希望的开普勒收到了来自第谷·布拉赫的邀请——布拉格有一个体面的职位正等着他。不久后，对哥白尼体系始终持保留意见的前辈热情地接待了笃信“日心说”的后起之秀，两条本不相交的平行线在 1600 年奇迹般地交汇于布拉格。

逆境

故天将降大任于斯人也，必先苦其心志，劳其筋骨，饿其体肤，空乏其身，行拂乱其所为，所以动心忍性，曾益其所不能。

——《孟子·告子下》

不了解开普勒的人，绝对不会理解苦难的全部含义！

由于幼年罹患天花与猩红热的折磨，开普勒落下了视力衰弱与上肢伤残的后遗症。早年的生活留给他的只有孱弱的体质、猥琐的容貌及难以自已的神经质。

开普勒在犹疑不定中接下了对自己有知遇之恩的第谷·布拉赫手中沉重的接力棒，无论他是否已经意识到，一个属于自己的时代已到眼前，然而代价则是要默默承受命运赋予加倍的苦难。他最终接替了第谷留下的御前天文学家职位，但是那个不必为生计奔波而心无旁骛的短暂岁月也已随着第谷·布拉赫的离世而一去不复返了。

风雨飘摇的布拉格宫廷已经安放不下平静的书桌，作为御前天文学家、皇帝的占星学顾问，开普勒不得不卷入鲁道夫二世与其弟马蒂阿斯二世（Matthias Ⅱ，1557—1619）之间的明争暗斗。1612 年，在政治斗争中失势的鲁道夫二世郁郁而终，保留御前天文学家头衔的开普勒不得不迁往奥地利林茨（Linz）。

之后的十八年，开普勒是在离乱与贫困中度过的：新旧教之争如火如荼，家庭纠纷没完没了；第二次婚姻留下的子女，在困顿中半数夭折；1617—1621 年，开普勒的母亲陷入巫术指控，开普勒只好停下手头的工作，四方奔走……

火星，火星！

荧惑星明圣人出，频频中夜验天文。

——郑思肖《无题·其五》

第谷·布拉赫留给继承人开普勒的除了丰富的观测资料与精良的天文仪器外，还有精益求精的“星学之王”不得不面对的那个遗憾——观测数据与宇宙模型不可逾越的鸿沟，这条鸿沟一边是漫天星斗，另一边是托勒密地心体系、哥白尼日心体系、第谷折衷体系及开普勒自己的“柏拉图多面体”。此后漫长的岁月，开普勒始终作为一个卑微的伏案计算者没日没夜地忙碌着……

突破口是行踪飘忽不定的火星（Mars，中国古称“荧惑”），东方和西方占星家眼中的不祥之星。沿袭古希腊以来的传统，开普勒尝试了托勒密的方法、哥白尼的方法和第谷的方法，试图用本轮、均轮、偏心轮等结构组合出火星的“实际”轨道。由于笃信“日心说”的基本假设，开普勒最终还是选择在第谷·布拉赫实测数据的基础上重构一个比哥白尼更精确的日心体系。为此，他需要把第谷·布拉赫测定的火星与恒星的角距离，从以地球为中心转换为以太阳为中心。他和他的前辈们一样，在“地心说”和“日心说”的纠缠中陷入没完没了的“圆”中，随之而来的是巨量烦琐的计算。

经过大约 70 次试验，开普勒发现无论如何组合这些“圆”，始终无法突破一个障碍——理论计算出的火星轨道与第谷·布拉赫的实测结果存在大小为 8′（8 分，即 1 度的 2/15）的黄经误差（ecliptic longitude error），而第谷·布拉赫的实测误差不超过 2′。

就是这火星轨道的 8′ 误差引发了近代天文学一场名副其实的革命。

开普勒为宇宙的几何图像引入了一种“物理机制”：太阳向行星散发出类似磁体之间的“力量”，形成好像“车轮辐条”的联系，这种“力量”随距离增大而减弱。故而在阿波罗尼奥斯的偏心轮结构中，太阳偏离了行星公转轨道的圆心，行星在近日点运动较快，在远日点运动较慢，并非匀速圆周运动。他为柏拉图“万物周行”的观念赋予了全新的含义——连接太阳和火星的“辐条”在相等时间扫过相等的面积，这就是后来的“开普勒第二定律”（Kepler’s Second Law of Planetary Motion）。

在抛弃了哥白尼念念不忘的匀速圆周运动之后，开普勒要去寻找不同的几何曲线（如卵形线）——“革命”又一次变成了“复古”，这一次开普勒还是回到了阿波罗尼奥斯与托勒密：托勒密在阿波罗尼奥斯的偏心轮中引入“匀速对称点”（equant point），使得行星的公转轨道出现了两个偏离圆心的中心——两个中心的闭合曲线，那正是阿波罗尼奥斯在《圆锥曲线论中》(*Conics*)中命名的“椭圆”(ellipse)①。如果把火星公转轨道视为椭圆，太阳所在位置和匀速对称点就在椭圆的两个焦点(focus)上，这就是后来的“开普勒第一定律”(Kepler's First Law of Planetary Motion)。

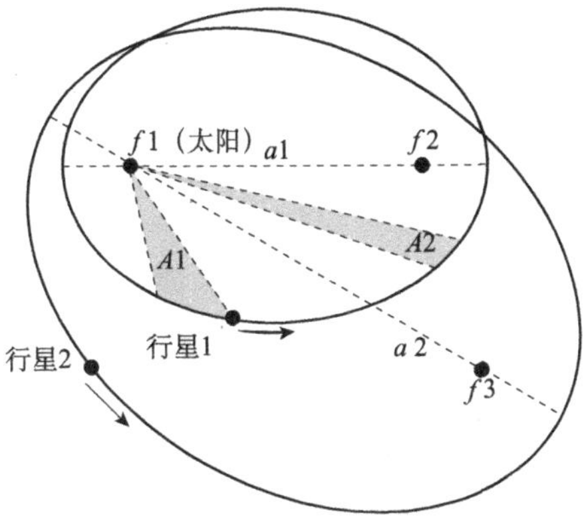

开普勒椭圆轨道示意图

行星1和行星2的轨道分别为 *a*1 和 *a*2；太阳位于两个椭圆轨道的公共焦点 *f*1；行星1的“辐条”在两段相等时间扫过的面积为 *A*1 和 *A*2，且 *A*1=*A*2

从圆到椭圆，这场由开普勒发动的革命，甚至无法得到同时代伽利略(Galileo Galilei，1564—1642)的理解，他们都在等待一个不世出的接班人……

神圣的律法

夫明白于天地之德者，此之谓大本大宗，与天和者也；所以均调天下，与人和者也。与人和者，谓之人乐；与天和者，谓之天乐。

——《庄子·外篇·天道》

① 椭圆(ellipse)的希腊文为 ἔλλειψις，意为“亏缺”。

1609年，开普勒在新出版的《新天文学》（*Astronomia Nova*）① 中公布了开普勒第一定律和开普勒第二定律。在书中，他很欣慰地指出，这两条定律不仅可用于火星，也适用于其他行星和月球。

开普勒没有忘掉当年为他赢得第谷·布拉赫赏识的《宇宙的奥秘》，如今在椭圆轨道的新基础上，他回归到早年对宇宙“和谐”的探索。《宇宙的奥秘》中那些尘封已久的“柏拉图多面体”源自毕达哥拉斯学派的古老信仰，他们相信宇宙的“和谐”要体现在天球间距简单的比例关系，有如阿波罗用里拉琴（lyre）弹奏的“天籁”（musica universalis）。

通过大量的尝试，开普勒终于在他的椭圆轨道日心体系中找到了心目中的“和谐”——行星公转周期的平方与其椭圆轨道半长轴的立方成正比，这便是“开普勒第三定律”（Kepler's Third Law of Planetary Motion）。这个结果发表于1619年出版的《世界的和谐》（*Harmonices Mundi*）中。在这本书里，开普勒无法抑制自己的兴奋，他激动地写下：

> 十八个月前出现第一缕曙光，三个月前黎明初降，就在几天前，太阳这最壮丽的奇观升起来了——什么也阻挡不了我了。我要纵情享受这神圣的狂喜，我要得意地向凡人们宣布，我已盗取了埃及人的金瓶，为我的太阳神在远离埃及之地建立一座神龛②。如果您宽恕我，我会快乐；如果您愤怒，我会承受；骰子已经掷出去了，书已经写了，无论现在还是将来的人会读它，已无所谓；就让它为它的读者等上一百年；上帝他自己等了六千年③ 才有一个人理解他的杰作。[8]

---

① 书名全称为 *Astronomia Nova AITIOΛOΓHTOΣ seu Physica Coelestis, Tradita Commentariis de Motibus Stellae Martis ex Observationibus G.V. Tychonis Brahe*（直译为：“基于某些原因，或天体的物理学，通过评注第谷·布拉赫先生观测的火星运动来处理的新天文学”）。

② 在古埃及神话中，太阳神“瑞”（Re）被奉为最高的神祇。

③ 当时的基督教世界认为距离“创世纪”（Genesis）有六千年的历史。

1627 年，垂暮的开普勒将自己的行星运动三定律与第谷·布拉赫的观测数据汇编为以鲁道夫二世命名的《鲁道夫星表》（*Tabulae Rudolphinae*）刊行于世，其精度纪录一直保持到 18 世纪中叶，并作为实测天文学的标准范式流传至今……

句号

你必汗流满面才能糊口，直到你归于尘土；因为你来自尘土：你本是尘土，终将归于尘土。[9]

——《旧约·创世纪》

1630 年 11 月，深秋萧瑟的秋风中，一位饱受颠沛流离之苦的学者拖曳着残躯在泥泞的乡间小道上艰难跋涉。

那个在乱世动荡中缔造时代的天文学家已经完成他的使命，现在的开普勒早已归复到了为面包和牛奶而碌碌奔忙、在天主教会眼皮下抱头鼠窜的窘境。生活难以为继迫使他不得不抱病前往雷根斯堡（Regensburg）的帝国议会，讨要数月积欠的薪水，这是一条没有归途的讨薪之路。

常年流离失所、朝不保夕的生活彻底摧毁了开普勒的健康，筋疲力尽的老人在雷根斯堡一家小客栈里一病不起。

1630 年 11 月 15 日，残酷的命运迫不及待地吞噬了卑微的生命，公正的死亡悄无声息地终结了其潦倒的一生。对异乡病榻上孤独的开普勒而言，这是多么大的恩赐啊！

星空的立法者最终回归亿万星辰，那是众神之王——宙斯赐予英雄们最后的荣耀。

仰天之高，
俯地之深

九霄安魂，
一隅安身。[10]

——开普勒自拟的墓志铭

神学院的僧侣还在考据“地心说”与《圣经》的渊源，宗教裁判所的鹰犬正忙着搜捕《天体运行论》之类的禁书……

无论是高高在上的天主教廷，
抑或死亡阴影笼罩的异端，
没有第谷·布拉赫的世界，
也就没有人感应到一个渺小生命谱写的宇宙旋律：
那是大道至简的精妙诠释；
那是日心信仰的终极归宿；
那是托勒密与哥白尼之间最公正的裁决；
那是无穷无尽争论的一个句号。

阿奎那的梦魇

人称天宇是个覆盆，
我们匍匐着在此生死，
莫用举手去求他哀怜——
因为他之不能动移犹如我你。[11]

——奥马尔·海亚姆 《鲁拜·第七十二首》①

① 奥马尔·海亚姆（Omar Khayyam，1048—1131），波斯塞尔柱王朝（Seljuq Dynasty）时代的数学家、天文学家、哲人和诗人，出身什叶派穆斯林，服务于塞尔柱宫廷，见证了塞尔柱帝国由盛而衰的过程。海亚姆曾受命主持伊斯法罕（Isfahan）天文台的天文观测与历法改革，测定了回归年。在数学领域，他最突出的成就集中在《还原与对消问题的论证》（接下页）

1983年的春夏之交，在罗马大学物理系与梵蒂冈天文台（Specola Vaticana）访问的中国物理学家一行在教廷传道部（Propaganda）①的几位神职人员带领下游览了旅游胜地那不勒斯（Naples）。在昏暗的圣多明戈教堂（Saint Dominican Church）里，热情而好客的主人向远道而来的中国朋友自豪地介绍道：这里就是圣托马斯·阿奎那（Saint Thomas Aquinas，1225？—1274）半生讲授神学——“论证上帝存在”的圣地！②

话毕，难掩兴奋的主人期待着客人们由衷的赞叹与朝圣者似的追问，然而他收获的只有一片沉默与茫然……

一位当事中国学者在回忆这段尴尬经历时，不禁感叹：托马斯·阿奎那这个名字，太陌生了！

在一代代的“布鲁诺”坚持不懈地努力下，这位耶稣基督与亚里士多德的忠顺仆人、曾经雄视古今的神学巨人已如尘埃被扫进了历史的垃圾堆……

条条大路通罗马

他们说：“是恺撒的。”耶稣说：“恺撒的归恺撒，上帝的归上帝。”[12]

——《新约·马太福音》

（接上页）（*Treatise on Demonstration of Problems of Algebra and Almuqa-bala*，简称《代数学》。英文中的代数学 algebra 来自阿拉伯语 al-jabr，意为“还原移项”，而 almuqa-bala 即阿拉伯语“对消”之意）一书中。海亚姆在书中论述了开平方和开立方的算法，其中最令人瞩目的贡献是继承阿基米德的传统利用圆锥曲线求解特殊的三次代数方程，海亚姆的方法已经具备后世解析几何的雏形。1859年，英国诗人爱德华·菲茨杰拉德（Edward FitzGerald，1809—1883）翻译出版了海亚姆的四行诗集 *Rubaiyat of Omar Khayyam*，初版计有75首。1924年，郭沫若以菲茨杰拉德英译本第四版（1879）为底本，以白话新诗体翻译了全部101首诗，名为《鲁拜集》。本书所引汉译选自郭沫若版。

① “传道部”是历史最悠久的宣传职能部门，原名“传布信仰的圣部”（Sacra Congregatio de Propaganda Fide），现名“万民福音部”（Congregatio pro Gentium Evangelizatione）。

② 阿奎那曾被封为“天使博士”（Doctor Angelicus）和“全能博士”（Doctor Communis）。

“条条大路通罗马”（Omnes viae Romam tendunt），在帝国边陲兴起的基督教，跨越“我们的海”（Mare Nostrum）①，征服罗马之路却并非坦途。

在早期教会的历史中，脱胎于犹太教异端的基督教被罗马帝国的统治阶层视为无知群氓的狂热，“拿撒勒人耶稣，犹太人的王”（Iesus Nazarenus Rex Iudaeorum）是犹太教团和罗马政府对耶稣的指控，也是帝国上层恐惧的来源。在长达三百年的时间中，帝国境内的基督徒承受了来自罗马贵族的残酷镇压。主导一系列政治迫害的罗马统治者中，既有以荒淫残忍冠绝于世的暴君尼禄（Nero，37—68），也有配享“帝王哲学家”美誉的贤帝马可·奥勒留（Marcus Aurelius，121—180）。

基督徒与罗马帝国的对抗构成了一场左右各自命运的战争，漫长战争在公元4世纪迎来了转折。在“四帝共治”（Tetrarchy）②以来无休止的内乱中，走马灯似轮换的帝国统治者先后发布了“宽容敕令”（Edict of Toleration，311）与“米兰敕令”（Edict of Milan，313），前者终止了对基督徒的迫害，后者赋予了基督教的合法地位。

孝武初立，卓然罢黜百家，表章《六经》。

——班固 《汉书·武帝纪》

公元325年，统一罗马、再造河山的一代雄主，皈依基督教的君士坦丁大帝（Constantine the Great，272?—337）在帝国东部的尼西亚（Nicaea）召集了基督教世界第一次大公会议（The First Council of Nicaea）。经过一轮又一轮激烈的唇枪舌剑，作为罗马帝国与基督教及基督教内部各派别和解与妥协的产物，《尼西亚-君士坦丁信经》（*Niceno–Constantinopolitan Creed*）得以颁布，经后世大公会议修订，

① 罗马人对地中海的称呼。

② 公元293年以降，罗马帝国被划分为东、西两个行政区域，各由一名“奥古斯都”统治，其下各设一名“恺撒”作为副手与继承人，四人分掌帝国军政，史称“四帝共治”。

逐渐被确立为基督教普世的正统教义[①]。对基督教而言，第一次尼西亚会议开启了信仰与希腊——罗马传统（包括原始的太阳神崇拜）的融合，教会与帝国趋向同构，“耶稣的基督教”逐步转化为“恺撒的基督教”；对罗马帝国而言，维系统一的帝国需要统一的宗教，“希腊化的罗马”逐步转化为“基督教的罗马”。

君士坦丁大帝之后，经历又一轮的分裂与动荡，公元380年，狄奥多西一世（Theodosius I，347—395）主导发布了“萨洛尼卡敕令”（Edict of Thessalonica）[②]，正式将基于《尼西亚-君士坦丁信经》的基督教确立为罗马国教。然而，随之而来的“罢黜异教，独尊基督”终究无法阻止苟延残喘的帝国滑向崩溃的深渊——公元395年，统一帝国最后一位皇帝狄奥多西一世辞世，在基督徒的叹息声中，江山一统的罗马成了历史……

风化的石像

> 太初有道，道与上帝同在，道就是上帝。[13]
>
> ——《新约·约翰福音》

早期基督教与罗马帝国旷日持久的战争折射出帝国统治阶层与下层民众的对抗、罗马人与外邦人的分歧，还有新兴的基督教思想与罗马人所继承的希腊遗产之间的冲突——横亘在基督教征服罗马之路前方的是希腊人留下的一座座大山：希腊-罗马多神教传统（Greco-Roman polytheism）[③]、斯多葛主义（Stoicism）、新柏拉图主义（Neo-Platonism）……

---

① 以“三位一体”（Trinity）为核心。

② 萨洛尼卡（或音译为帖撒罗尼迦）在希腊东北部，城市得名于亚历山大大帝同父异母的妹妹Thessalonike（口语中亦称Salonica），是基督教早期中心之一。

③ 比如历史悠久的太阳神崇拜。

基督教信仰在这里遭遇的不只是世俗的罗马秩序，更是希腊理性的责难。为了捍卫教义，一些激进的护教士（Apologist）彻底倒向了拒斥（或者说冲破）希腊理性的立场，第一位拉丁教父①特尔图良（Tertullian，155?—240?）在《论基督的肉身》（*De Carne Christi*）中高呼：

因为荒谬，所以信仰！②

然而，激进的特尔图良最终不容于教会的温和立场，倒向了异端。要征服“希腊化的罗马”，首先需要一个“希腊化的基督教”，也就是利用希腊理性重构那些古老的信仰，集大成者是由摩尼教（Manicheism）③皈依基督教的拉丁教父圣奥古斯丁（Saint Augustine，354—430）。在他的《论意志的自由选择》（*De Libero arbitrio*）中，信仰和教义可以按照希腊人的方式来澄清，即使“上帝”也能以理性为阶梯得到证明：

假设我们可以找到某种你毫无疑问的东西，它不仅存在而且比我们的理性更优越。无论它是什么，你会犹豫称它作“上帝”吗？[14]

公元476年，在长达一个世纪的蛮族入侵（Barbarian Invasions）④中分崩离析的西罗马帝国彻底覆灭。一片混沌的西欧步入了中世纪（476—1453）的长夜，古希腊与古罗马的文化遗产连同早期教父弥合信仰与理性的努力都湮没于“黑暗时代”的蒙昧之中。

---

① 教父（Father）是早期（约公元2—6世纪）基督教体系化的推动者，依据传教的主要地区和语言，分为活跃于罗马帝国东部的希腊教父（Greek Father）和活跃于罗马帝国西部的拉丁教父（Latin Father）。

② 拉丁原文为 prorsus credibile est, quia ineptum est（这是绝对可信的，因为这是荒谬的）。常被简写为：Credo quia absurdum!

③ 摩尼教崇尚光明，来源于古波斯的琐罗亚斯德教（Zoroastrianism，传入中国后被称为“祆教”或“拜火教”）、早期的基督教和佛教，传入中国后被称为“明教”。

④ 主要是匈人（Huns，可能源自受汉帝国军事威胁而大举西迁的“北匈奴”）、日耳曼人（Germans）、斯拉夫人（Slavs）等游牧部落的入侵。

蒙尘古典重见光明得益于一位希腊故人的回归——天主教联盟从穆斯林手中夺回了西班牙北部、第四次东征的西欧十字军“顺道”洗劫了东罗马帝国的君士坦丁堡（1204年）……阿拉伯语和希腊语的古代典籍重归拉丁世界，作为天主教辉煌远征的战利品之一——亚里士多德复临“罗马”。毫不夸张地说，之后的经院哲学就是对亚里士多德体系的注释和争辩，经院哲学家的主要工作就是将“穆斯林的亚里士多德主义”改造为“天主教的亚里士多德主义”。

在当时的天主教会中，即使恪守异教成见的神学家，也不得不承认集古希腊哲学之大成的亚里士多德学说是一个相当完备的体系。面对这个游离于天主教正统神学之外的“庞然大物”，天主教会高层五味杂陈，这种复杂心态承袭自近一千年来理性与信仰、希腊哲学与基督信仰之争，教廷针对亚里士多德学说的禁令持续到了14世纪初，“天主教的亚里士多德”——托马斯·阿奎那亦难免受到株连。

1274年，撒手人寰的托马斯·阿奎那留下了未完成的《神学大全》（*Summa Theologica*），他用自己的体系寻求一个“基督”与“亚里士多德”的和解之道——为天主教“神圣的学问”重构了一个希腊血统的逻辑演绎体系。

我如此答复，神圣的学问是一个专门学科。我们必须牢记存在两类专门学科：一类专门学科通过自然理性之光揭示的基本原则演绎而成，如算术、几何等；另一类专门学科则通过更高层次学科光辉揭示的基本原则演绎而成，例如，推演出透视学的基本原则来自几何学，而推演出音律学的基本原则来自算术学。神圣的学问之所以是一个专门学科是因为它是通过更高层次学科光辉揭示的基本原则演绎而成的，即关于上帝与蒙福者的学科。因此，犹如音律家领受数学家教给他的基本原则的权威，关于神圣的学科正是基于上帝启示的基本原则。[15]

——《神学大全》（卷Ⅰ问题Ⅰ条目Ⅱ）

1323年，去世近半个世纪的托马斯·阿奎那被教宗若望二十二世（Pope John XXII，1244—1334）册封为圣徒。他背后的亚里士多德，这位吕克昂的异教徒终于被天主教吸纳为“先知”，他那辉煌如金字塔的体系连同整个古典文明都将被打造为《圣经》的注脚。①

在信仰和理性之间寻求安宁的圣徒不会想到，亚里士多德的复临，只是梦魇的开始——圣人的石像在岁月中风化，智者的面庞在阴影中愈发模糊不清……

比萨传奇

公元1492年8月，在前辈马可·波罗（Marco Polo，1254—1324）的指引下，雄心勃勃的意大利航海家与殖民者克里斯多夫·哥伦布（Christopher Columbus，1451?—1506）率领自己组建的西班牙探险舰队在万众期待中驶出了巴罗斯港（Palos），向一望无际的大西洋扬起了豪迈的风帆……轰轰烈烈的地理大发现时代（Age of Discovery）由此拉开了序幕。

一个世纪后，同样是一位怀揣梦想的意大利人，以他阿基米德一般的旷世才华再次叩开了沉寂已久的物理学圣殿的大门……

14世纪以来，继承西罗马帝国权威的天主教神权势力对西欧的绝对统治在愈演愈烈的世俗立国浪潮中处于风雨飘摇的境地。横亘南欧的阿尔卑斯山南麓，热那亚（Genoa）、威尼斯（Venice）、佛罗伦萨（Florence）……大大小小的商贸重镇纷纷崛起。西罗马帝国故地仿佛一夜之间尽吹古希腊多元化的城邦政治遗风，无怪乎高扬古希腊理性的文艺复兴发轫于此。

比萨（Pisa），意大利西陲港市，隶属于美第奇家族（House of

① 在后人描绘的托马斯·阿奎那的凯旋中，阿奎那手持《神学大全》，两侧为柏拉图和亚里士多德，匍匐在其脚下的是“穆斯林的亚里士多德主义”的代表人物、西班牙穆斯林学者阿维洛伊（Averroes，阿拉伯名 Ibn Rushd，1126—1198）。

Medici）治理下的托斯卡纳大公国（Grand Duchy of Tuscany），沉浸于文艺复兴风气之先，孕育着封建领主嗤之以鼻的资本主义以及与老朽经院做派格格不入的新思想。1564年2月15日，这座古城迎来了历史馈赠的荣耀——一个呱呱落地的婴儿，没落贵族文森佐·伽利雷（Vincenzo Galilei，1520?—1591）兴奋地给刚出世的长子取了一个别致的名字：伽利略·伽利雷（Galileo Galilei，1564—1642）。

今天人们首次听闻比萨这座城市，多半就是因为这个名字！

伽利雷家祖上曾是享誉佛罗伦萨的名医，辗转至文森佐一代已家道中落。也许是流淌在身躯里的高贵血液使然，文森佐年轻时，也曾像世家子弟一样徜徉于数字与音符的自由园地（这无疑也是毕达哥拉斯以降的传统），撩拨心爱的鲁特琴（lute）潇洒自在地游走于水榭楼台，收获无数士族少女的垂青……当炽热的音乐理想在时间中冷却，生活的现实便迫使他跻身贩夫走卒之流以养家糊口。

比萨与佛罗伦萨之间常年的商旅奔波最终磨蚀掉了浪漫作曲家的全部创作激情，在驴背上消磨光阴的文森佐终于悟出了这个世界真实的旋律——人不能靠理想去生活！

正在瓦伦布莎的卡马尔迪斯修道院（Camaldolese Monastery，Vallombrosa）享受学习时光的伽利略，却正是理想泛滥的年纪。在宗教弥撒与经院哲学的熏陶下，年轻的伽利略自信将以整个生命侍奉高高在上的天主——这个信念贯穿伽利略一生。然而，有切肤之痛的父亲果断地斩断了年轻人不切实际的幻想。

文森佐迫不及待地要把生活的真相告诉自己的长子伽利略——伽利雷家光耀门楣的希望，他精心为儿子规划了未来之路——医生，这既是光复祖上荣耀的必由之路，也是直达衣食无忧的体面生活的捷径[①]。

---

① 文森佐·伽利雷的音乐衣钵将由小儿子米开朗基罗·伽利雷（Michelangelo Galilei，1575—1631）继承。

背弃理想的人，
把现实面前的胆怯，
理解为正道的复归。
迷失本心的人，
将名利脚下的溃败，
解释为人生的智慧。
一切陈腐的经验，
不过是失败者的轮回！

这一夜，父子俩促膝长谈。老迈潦倒的商人必须要在不谙世事的儿子面前尽情嘲讽那个风华正茂的作曲家，而金币与音符两张面具下却是同样一个灵魂。不知是什么原因，激动的父亲不能自已，一时老泪纵横，最后竟号啕大哭起来。沉默的伽利略顺从了父亲的意思，这是他人生之旅的第一次屈服。

1581 年，17 岁的伽利略进入了比萨大学（Università di Pisa），作为一名医学生开始了自己的大学生涯。

医学教授的照本宣科乏善可陈，伽利略选择到图书馆蔚为壮观的珍藏中寻求慰藉，流连于欧几里得展开的几何世界，陶醉在阿基米德留下的奇思妙想。据说就在这一时期的某次弥撒中，心不在焉的伽利略注意到比萨大教堂（Pisa Cathedral）顶上的吊灯。以自己的脉搏为基准，伽利略发现确定摆长的吊灯受风或人为因素干扰而做小幅度摆动所需要的时间是一定的①。多年后，伽利略对这个问题进行了深入的研究，他的工作构成了后世摆钟和精确计时的基础。

而在老师眼中，集逃课、善辩与耍小聪明刁难教授于一身的伽利略无疑是“坏学生”的典型。历史处处蕴含着奇妙的辩证法：“好学生”在旧秩序中出类拔萃，“坏学生”要奠定新秩序来出类拔萃，而新

① 类似的早慧故事还将在后世诸多伽利略的追随者那里得到复现。据说伽利略当年由比萨大教堂的吊灯抽象出了“单摆”（simple pendulum）模型。

的秩序调教出一批新的“好学生”并等待着新秩序下的“坏学生”来埋葬自己。批量生产的“好学生”至多能承担书写或誊抄历史的任务，而不世出的“坏学生”才是历史的开创者与引路人。

在时任托斯卡纳宫廷数学家奥斯提里奥·里奇（Ostilio Ricci，1540—1603）① 的鼓励下，背负着医学教授的诅咒与父亲的无可奈何，伽利略彻底“皈依”数学。心满意足的他并没有也不准备在数学领域终结自己“坏学生”的荣誉头衔。在自由而广泛地吸收希腊“营养”后，他甚至变本加厉。至少在旁观者看来，伽利略已经开始把对老师的“无心刁难”升格为对权威的“有意蔑视”。

迷雾中的斜塔

只有狂妄悖逆之徒，
敢于向圣人咆哮。
因为他们既拥抱过爱琴海畔的朝阳，
也欣赏过吕克昂的落日。

1590 年某日，黄昏的比萨港。

沉寂许久的比萨大教堂人山人海。百无聊赖的贵族、无所事事的市民抑或是偶然驻足的旅人，所有人的目光都聚焦在了一个人身上——伽利略·伽利雷。1585 年，他因贫困辍学被迫离开了这座城市，仅仅四年之后②，这位年仅 25 岁的私人教师以数学教授的身份回到了母校。

今天，一贯不修边幅的伽利略罕见地换上了正式的教士袍，从容

① 奥斯提里奥·里奇是意大利数学家塔塔利亚（Tartaglia，1499?—1557，原名 Niccolò Fontana，Tartaglia 是他的绰号，意为“口吃者”）的学生。后者据信找到了形如 $x^3+px=q$ 和 $x^3+px^2=q$（$p, q>0$）两类三次代数方程的解法，该解法由意大利学者杰洛拉莫·卡尔丹（Gerolamo Cardano，1501—1576）继承并推广，发表于《大法》（*Ars Magna*，1545）。

② 其间，伽利略延续阿基米德的传统完成了第一部重要作品《小天平》（*La Billancetta*，1586），设计制作了测定合金成分的流体静力学天平。

地走入嘈杂的人群中。鼎沸的人声霎时安静下来，广场上出现片刻肃穆。这种氛围恍惚如苍老的苏格拉底当仁不让地来到了雅典市政广场中心，又好像身着艳丽红袍的枢机主教开始主持一场盛大的弥撒。

这离经叛道的家伙竟敢向亚里士多德开火！

长者们毫无顾忌的嘟囔打破了暂时的静寂。他们是伽利略曾经的老师也是现在的同事——比萨大学的教授们。固然，这些老先生始终弄不明白尊贵的盖图宝图侯爵（Marquis Guidobaldo Bourbon del Monte，1545—1607）和枢机主教弗朗西斯科（Francesco Maria Bourbon del Monte，1549—1627）两兄弟为什么要保荐这个不知天高地厚的傻小子窃据神圣的大学教席，但这并不影响他们以怜悯的心态欣赏伽利略这个可怜的狂徒当众出丑。

> 如果天然运动是上升，构成它的主要元素应该是火或空气，如果下降，则是水或土。[16]
>
> ——亚里士多德 《论天》（Book Ⅰ，Part 2）

自然哲学或物理学的首要任务在于认识自然，认识自然的第一步在于刻画运动与探究动因，人类对宇宙万物运动规律的不同理解构造了形形色色的自然观（包括宇宙模型）。在亚里士多德的自然哲学体系中，天界以下世间万象的物质本元被归结为古希腊早期自然哲学家提炼的四大元素，按由“重”到“轻”的顺序依次为：土、水、气、火。四大元素在宇宙中各自占据着永恒静止的“天然位置”，由四大元素组合形成的宏观物体则按其元素比例存在一个向相应元素“天然位置”的运动趋势，这种不受外部作用的运动被定义为“天然运动”。在亚里士多德的自然观中，物体的“天然运动”取决于其组成比例最大的元素：火或空气为主者轻而上升趋向宇宙的边缘，水或土为主者重而下降趋向宇宙的中心。

这些论据表明，每一个物体都有它的不受外部作用或不违背本性的天然运动。我们进一步揭示这些物体，其受到不可避免的推动取决于轻重。当然，我们断言，它们一定会运动，而一个不受本性推动的运动物体无法朝向或远离宇宙中心运动。设想一个没有重量的物体 A（不受本性推动的运动物体）和一个有重量的物体 B。假设没有重量的物体 A 移动了距离 CD，而 B 在相同时间内移动了更长的距离 CE，因为重的物体一定运动得更远。将重的物体 B 按 CE:CD 的比例分割出一部分（因为没有理由表明不能按照这样的比例从整体上分割出 B 的一部分）。现在如果完整的 B 移动了完整的距离 CE，分割出的一部分一定在相同时间内移动距离 CD。因此，一个没有重量的物体和一个有重量的物体会运动相同的距离，这是不可能的。同样的论据适用于轻的情形。[17]

——亚里士多德 《论天》（Book Ⅲ，Part 2）

我们看到，在其他条件相同时，物体受重或轻的推动（本性的推动）越大，通过相等距离越快，且正比于它们承受推动的大小。因此，它们穿越虚空的速度之比也保持不变。但这是不可能的，为什么其中一个运动得更快？（在穿越充满介质的区域时的确如此；因为受更大推动者能以自己的力量更快地冲开介质。运动的物体冲开介质，或以自己的形状，或以承受的推动，该推动是物体被携带或投掷时具有的）那么所有物体穿越虚空会有相同的速度。然而这也是不可能的。[18]

——亚里士多德 《物理学》（Book Ⅳ，Chapter 8）

基于粗糙实践经验的总结，更多是出于对“线性关系”（linearity relation）的本能依赖，亚里士多德的观点被后世理解为：对常见的“不受外部作用的自由落体”而言，物体在相同时间内自由下落的距离与其所含元素的多少即“重量”呈正比关系。而亚里士多德这整套“各从其类”的物理学（运动学与动力学）为亚里士多德-托勒密地心体系的宇宙模型提供了一种自洽的运转机制，许多穆斯林学者与托马斯·阿奎那之后的许多（并非全部）西欧经院学者对其深信不疑。

或好奇、或疑惑、或茫然、或鄙夷，各种各样来自人群的目光包围着伽利略。他微笑着从趾高气扬的经院派面前走过不加任何辩白。这一刻伽利略是从幕后悄然登台的主角，他从来没有像现在一样热切地渴望这些老朽们的存在，他们的存在特别是他们发自肺腑的“铺垫”将为这幕好戏构造不可或缺的戏剧性。

伽利略走上比萨大教堂的钟楼——比萨斜塔，那是比萨的制高点。

残阳西坠，比萨斜塔颀长的阴影投射在广场之上。伽利略俯瞰广场上的人群，难以抑制自己的兴奋与紧张。在比萨广场这个硕大舞台上，在塔下各怀心思的注目中，也许只有他明白将会发生什么！

围观的人群陷入了焦躁，连那些经院派的老朽们也按捺不住源自本能的好奇，鄙夷之态转而为迫切的期待，期待上帝来裁决自己的信仰。

伽利略向塔下示意，实验开始。他从塔顶抛下了两个重量相差数倍的铁球。两个铁球的坠落不过持续了数秒，却释放了超出物理学计算的“能量”——两个铁球“同时”落地！

好奇者恍然大悟，疑惑者若有所思，茫然者不知所云，鄙夷者最终愤怒。惊恐的经院派不断在胸前划十字架，他们伏在地上痛苦地乞求，乞求主宽恕他们的“动摇”，乞求主结束这眼前的“虚幻”。只有他们感应到了摧毁性的“能量”，在剩下的日子里他们需要不断地祷告来抑制崩溃。

观众四散而去，满意的也好，不满意的也好，都快速回归到了各自的生活轨道。只有伽利略斜倚着塔顶的栏杆，他要亲自送走今天的落日……

残阳入海，夜幕深沉。雾失楼台，声销迹匿。

这个精彩的故事最早见于伽利略晚年的助手文森佐·维维安尼

（Vincenzo Viviani，1622—1703）[①]的记载，伽利略本人语焉不详，而前辈学者西蒙·斯蒂文（Simon Stevin，1548—1620）等也有一些类似探索的只言片语……“两个铁球”的传奇，是伽利略晚年记忆模糊，还是维维安尼出于布“道”的刻意渲染，迷雾中的比萨斜塔默而不语，历史背后的真相无迹可寻。我们能确定的是，不久之后，伽利略为他的“狂妄”付出了代价——1591 年，刚从亡父那里“继承”了一个音乐家弟弟的伽利略，被忍无可忍的经院派驱逐出了比萨大学。

1971 年 8 月 2 日，阿波罗 15 号（Apollo 15）的登月舱前，在这个曾经引发人类无数美好遐想的荒凉星球上，宇航员大卫·斯科特（David Scott）双手释放了一片羽毛与一个铁锤[②]，面对地球上的亿万观众娓娓道来：我们今天能够来到这里，其中原因之一就是数百年前发现自由落体定律的伟人——伽利略……

归谬法

……对同一事物，相互矛盾的陈述不能同时为真，相互反对的命题也是如此……[19]

——亚里士多德 《形而上学》（Book Ⅳ，1063b）

一个思想体系的谢幕要远比承载它的生命的消亡复杂得多，亚里士多德、阿奎那早已作古，他们留下的自然哲学体系业已内化为这个时代最顽固的“常识”，并不甘于退出历史舞台。伽利略面对的并不是痴人说梦，而是一个绵延千年的人类智慧结晶——这个庞大壁垒尚存

---

① 维维安尼是埃文杰利斯塔·托里拆利（Evangelista Torricelli，1608—1647）的学生，两人都曾担任过伽利略晚年时的助手。

② 这和比萨斜塔的故事一样，是一个“仪式”，而非实验。实际上，考虑刚体的落体运动，羽毛和质量分布不均匀的铁锤并不能一概而论。另一方面，月球表面高扬的带电尘土可能会影响羽毛的自由下落。

一个坚固的地基，我们的经验事实——铁球总比羽毛先落地！

要走出柏拉图的洞穴，不能单靠比萨斜塔上的一个“仪式”……

在亚里士多德的体系中，物体不受外部作用的“天然运动”源自“本性的推动”，“本性的推动”取决于物体的“轻重”，而物体的“轻重”是物体与介质相互作用的结果——正如后来阿基米德在流体静力学中探讨的“浮沉”——有趣的是，在近代（伽利略之后）建立的动力学模型中，低速条件下，考虑介质阻力（黏滞阻力，viscous resistance）与速度一次方成正比[①]，介质中物体的沉降在经历一段重力、浮力与阻力共同作用的变加速过程后达到的稳定速度确实与物体“在介质中的重量”（实际是重力与浮力之差）成正比。

然而在这个时代，我们既没有关于“速度”“力”等物理概念可操作的普适定义[②]，也没有相对精确的计时手段——至于“时间”，我们至今也不清楚它到底是什么——即使今天，越来越精密的测量输出的“数据之海”也无助于裁决亚里士多德与伽利略之间的分歧[③]。“两个铁球是否同时落地”首先是一个逻辑问题。

“自然厌恶虚空”（Horror Vacui）是后人从《物理学》中提炼出的拉丁格言，亚里士多德的“物理学”中没有“虚空”（void）的位置。伽利略则另辟蹊径（实质上是探讨了不同于亚里士多德描述的物理情境），抽离“经验事实”，排除介质的影响，把自由落体还原到德谟克利特的“虚空”之中——这需要一个在头脑中进行的 δείκνυμι，“思想实验”（thought experiment），它要求伽利略首先是一位经院哲学家。

保氏掌谏王恶，而养国子以道。乃教之六艺，一曰五礼，二曰六

---

① 这个规律可以由斯托克斯定律（Stokes' Law）来描述。1851 年，爱尔兰数学家、物理学家乔治·加百列·斯托克斯（George Gabriel Stokes，1819—1903）推导出了这个规律。

② 即使到了牛顿的时代，“力”“惯性”“动量”“冲量”“动能”“功”等物理概念仍然没有被明确地区分开。

③ “大工程”“大数据”“大科学”(Large Project, Large Data, Large Science）并不必然带来科学。

乐，三曰五射，四曰五驭，五曰六书，六曰九数。

——《周礼·地官司徒第二》

与哥白尼、第谷、开普勒甚至阿奎那、布鲁诺一样，伽利略在神学院（大学）接受了系统的中世纪经院教育，以追溯到毕达哥拉斯和柏拉图的“自由七艺”（Artes Liberales）为主要内容，包括“三门”（Trivium，语法、修辞、逻辑）和“四科”（Quadrivium，算术、几何、音律、天文）。天主教旗帜下的“七艺”传承的是一种古希腊哲学家和古罗马法学家的思考模式，这种思考模式在亚里士多德、阿奎那和伽利略之间连接成一条隐秘的纽带。作为一个经院哲学家，伽利略的工作更像是用经院派惯用的逻辑演绎手段完成了亚里士多德体系甚至阿奎那体系的“自我更新”——1638年，伽利略悄悄在荷兰出版了他的最后著作《关于两门新科学的谈话和数学证明》（*Discorsi e Dimostrazioni Matematiche Intorno a Due Nuove Scienze*）[①]，他以一种幽默姿态用同样被经院派熟悉的柏拉图对话体，在“第一天”展开了一个精彩的思想实验：

萨尔维亚蒂：如果我们取两个自然速率不同的物体，显而易见，如果把两个物体连接在一起，速率较大的那个物体将因受到速率较慢物体的影响其速率要减慢一些，而速率较小的物体将因受到速率较大物体的影响其速率要加快一些，你同意我的想法吗？

辛普里丘：毫无疑问，你是对的。

萨尔维亚蒂：但是，如果这样是对的话，并假定一块大石头以（比如说）8的速率运动，而一块较小的石块以4的速率运动，那么把两者连在一起，这两块石头将以小于8的速率运动；但是两块连在一起的石头当然比以前以8的速率运动的要重。可见，较重的物体反而

① “两门新科学”分别为关于物质结构强度的科学（材料力学）和关于物体运动的科学（运动学和动力学）。

比较轻的物体运动得慢，而这个效应同你的设想是相反的。你由此可以看出，我是如何从你认为较重的物体比较轻的物体运动得快的假设推出了较重物体运动较慢的结论来。

辛普里丘：我完全糊涂了，因为对我来说看起来像是当把小石头绑到大石头上时增加了它的重量，而当重量增加时，我不明白它如何会不加速，或至少不减速。

萨尔维亚蒂：你又陷入了谬误，辛普里丘，因为小石头增加了大石头的重量是错误的。

辛普里丘：是的，这完全超出了我的理解。[20]

对话中，“萨尔维亚蒂”是伽利略的代言人，他的原型是伽利略的朋友菲利普·萨尔维亚蒂（Filippo Salviati，1582—1614），“辛普里丘”是亚里士多德、托勒密的代言人，他的原型来自公元6世纪的新柏拉图主义哲学家、亚里士多德作品的评注者辛普里丘（Simplicius of Cilicia，490?—560?）和几位伽利略同时代的论敌，还有一位持开放立场的“萨格列陀”，他的原型也是伽利略的好朋友乔凡尼·弗朗西斯科·萨格列陀（Giovanni Francesco Sagredo，1571—1620）。在一系列“对话”中，“萨尔维亚蒂”以苏格拉底“精神助产术”式的反诘姿态，娴熟地运用亚里士多德形式逻辑中的归谬法（reductio ad absurdum）一步步将亚里士多德的代言人“辛普里丘”逼迫入“两可两不可”的死胡同——这是伽利略的胜利，还是亚里士多德的胜利？

宇宙的语言是数学

专门学科因获得知识方法的不同而有所区别。天文学家和自然哲学家都可以证明同样的结论：比如，大地是球形的。天文学家使用数学方法（即对事物的抽象）来探究，而自然哲学家通过事物本身来探究……[21]

——阿奎那《神学大全》（卷Ⅰ问题Ⅰ条目Ⅰ）

当然，经院哲学家伽利略的逻辑演绎只能说明亚里士多德的“物理学”不适用于“虚空”中的自由落体①，除此之外，得不到任何物理上的新东西。接下来，描述“虚空”中的自由落体规律，需要数学家伽利略出场。

在对话的“第三天”中，伽利略的代言人“萨尔维亚蒂”将亚里士多德体系中自由落体这类“天然运动”描述为由静止开始的匀加速直线运动——“天然的加速运动”，物体开始下落计时后某一时刻的速度与时间成正比（任意相等时间间隔内速度的增量都相等），比例系数被定义为“加速度”，且这段时间内运动的平均速度为末速度的一半②。对该结论的证明延续了古希腊的几何学传统，实质上已经奠定了后世解析几何与微积分手段的雏形。

这套几何描述的一个自然而然的结论③：由静止开始的匀加速直线

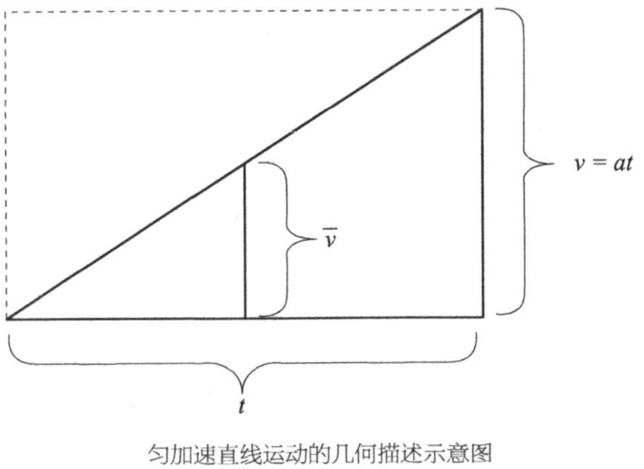

匀加速直线运动的几何描述示意图

对一个从静止开始的匀加速直线运动，直角三角形的两条直角边分别表示时间 t 和末速度 v，v 与 t 成正比，即 $v=at$，比例系数 a 定义为加速度。矩形的面积表示物体以末速度 v 在时间 t 内做匀速直线运动的距离，即 vt，而直角三角形的面积表示这段匀加速直线运动的距离，可以表示为这段匀加速直线运动的平均速度 $\bar{v}$ 与经过时间 t 的乘积 $\bar{v}t$。从直角三角形的面积是矩形面积的一半可以推导出平均速度是末速度的一半，平均速度 $\bar{v}$ 的几何意义正好是直角边 v 所对应的中位线

① 好比美国的法律当然不适用于中国。

② 14 世纪的英法经院哲学家赫特斯波利的威廉（William of Heytesbury，1313?—1373?）、尼古拉·奥雷姆（Nicole Oresme，1320?—1382）等人已经得到了这些重要结果及其证明。

③ 正如大家在高中物理中学到的那样，用两个直角边 t 和 at 表示出直角三角形的面积。

运动，从出发点计时到任意位置的距离正比于时间的平方——如果这个匀加速运动是自由落体，那么这就是所谓“自由落体定律”（Law of Free Fall）。它还有一个在经验世界可供检验的推论：从静止开始，任意相邻相等时间间隔内的运动距离之比为 1:3:5:7:9……恰好构成一个奇数列——这是一个毕达哥拉斯式的发现。

即使态度中立的“萨格列陀”也对这种基于人为假设的数学推导感到疑惑，而更相信经验事实的亚里士多德主义者“辛普里丘”要求给出实验验证——我们今天仍然坚守这样的“亚里士多德传统”。

伽利略带着真正意义上的“比萨斜塔”——一个带槽的木质斜面，登场了……

取大约 12 肘[①] 长、半肘宽、三指厚的一块木头模板或余料，在上面挖一条比一指略宽的槽，使之非常笔直、平坦和光滑，给它垫上尽可能平坦和光滑的羊皮纸，我们沿槽释放一个坚硬、光滑且非常圆的铜球。将这个木板倾斜放置，使一端比另一端高约一到二肘，我们如前所述释放铜球，用稍后介绍的方法计量滚下的时间。为了时间测量的精度达到两次观测的误差不超过 1/10 次脉搏，我们不止一次重复实验。完成该操作并确认其可靠性后，我们现在仅在槽长度的 1/4 处释放铜球并测量滚下的时间，我们发现它恰好是前者的一半。接下来，我们尝试其他距离，将铜球滚下全长的时间与 1/2、2/3、3/4 或任意分数长度的时间作比较；在这些重复上百次的实验中，我们总是发现通过距离之比等于时间平方之比，这个规律对我们释放铜球的槽所在任意坡度的斜面都成立。我们还观测到各种坡度斜面滚下时间之间的精确比，之后我们将会看到，作者[②] 已经预言并证明之。

为了测量时间，我们在较高处放置一个大的盛水容器；在容器底

① 1 肘（cubit）约合 45.7—55.9 厘米。
② 在“萨尔维亚蒂”的描述中，“作者”指的就是伽利略本人。

部焊接一根可以射出细小水流的小孔径管，无论铜球从槽的全长或部分长度处滚下，每次铜球滚下时间内射出的水收集在一个小玻璃杯中；每次铜球滚下后收集的水放在一个非常精确的天平上称量；这些重量的差别和比例为我们提供了每次时间的差别和比例，其达到的精度以至于尽管重复操作许多许多次，结果无明显差异。[22]

——《关于两门新科学的谈话和数学证明·第三天》

严密的理论或数学推演辅以不必太严密（实际上也做不到）的实验构成了伽利略的“新科学”。1623 年，陷入彗星本质之争的伽利略出版了《试金者》（*Il Saggiatore*）①，发表了他作为数学家的宣言：

哲学（换言之自然哲学）是写在一本伟大的书上——我指的是宇宙，这本伟大的书不断开拓我们的视野，但是我们无法读懂它，除非一个人首先学会领悟书写它的语言和字符。书写它的语言是数学，它的字符是三角形、圆形及别的几何图形。离了数学，人力不可能解读其中任何一个单词；离了数学，人将徘徊在幽暗的迷宫。[23]

伽利略似乎走出了“幽暗的迷宫”——柏拉图的洞穴，在灿烂而温暖的阳光中，他看见了第一个挣脱锁链的苏格拉底正在弟子的注目下从容地啜饮那一杯血红的鸩酒……

没有申辩的审判

加利利人②哪，你们为什么站着望天呢？……[24]

——《新约·使徒行传》

---

① 书名也可翻译为《称金者》。与亚里士多德和哥白尼一样，伽利略把彗星误当作是大气层内的现象。

② “加利利”（Galilee）隐喻了伽利略的姓氏“伽利雷”（Galilei）。

公元1633年，托斯卡纳宫廷哲学家和数学家、林琴科学院（Academia Linceorum）[①]院士伽利略·伽利雷平静地伫立在罗马宗教裁判所——1600年，“异教徒”布鲁诺在这里被判处火刑——的被告席上，聆听主审法官声色俱厉地宣读冗长的判词……恍惚中，人生过往次第展开……

1592年，被迫离开比萨的伽利略辗转来到威尼斯共和国（Serenissima Repubblica di Venezia），加入风气相对开明的帕多瓦大学（Università di Padova）。之后的18年是作为天文学家的伽利略的“黄金时代”：1597年，他开始与开普勒分享对哥白尼体系的“信仰”，即使固守柏拉图匀速圆周运动观念的他并不接受后者的椭圆行星轨道；1609年，他改进了荷兰眼镜商汉斯·利普希（Hans Lippershey，1570—1619）的折射式望远镜并用于天文观测，这被视为“天文望远镜”的滥觞——伽利略观测到了月球不平整的表面、群星构成的银河、木星最大的4颗卫星[②]、金星的相位变化、太阳黑子和太阳自转……

1610年夏，为了逃避大学的授课任务，伽利略回到故乡佛罗伦萨，被礼聘为托斯卡纳宫廷哲学家和数学家[③]，同时被授予免除教学任务的比萨大学教授头衔。接下来的岁月，作为一个愈发公开的“哥白尼主义者”，伽利略不可避免地陷入左右自己命运的争论之中。

一直以来，梵蒂冈教廷对哥白尼体系的态度都处于混沌之中，一方面要坚持14世纪才确立的亚里士多德-阿奎那体系的正统地位，另一方面又需要借助哥白尼体系的数学手段——正如奥赛安德尔神父为《天球运行论》所作的前言。1582年，教宗格里高利十三世（Pope

① 林琴科学院被视为意大利国家科学院和梵蒂冈宗座科学院的前身，成立于1603年，用以命名的lincei，意为“猞猁”或“山猫”，取其目光锐利之意。1611年，伽利略受邀加入了林琴科学院。

② 这4颗木卫后来根据罗马神话被分别命名为：艾奥（Io，木卫一）、欧罗巴（Europa，木卫二）、伽尼美德（Ganymede，木卫三）、卡里斯托（Callisto，木卫四），后世统称“伽利略卫星”（Galilean Moons）。

③ 当时的哲学家可以获得比数学家高得多的薪俸，伽利略在托斯卡纳大公国宫廷的角色类似于先后服务于神圣罗马帝国宫廷的第谷和开普勒。

Gregory XIII，1502—1585）推动了历法改革，在耶稣会士克里斯托弗·克拉维乌斯（Christoph Clavius，S.J，1538—1612）等人的主持下，哥白尼体系间接影响了“格里历”（Gregorian calendar，即现行公历）的制定与传播。然而 16 世纪以降，教会陷入了“东西大分裂”（The East-West Schism，1054）① 以来最严重的危机——宗教改革。自《天球运行论》始，大量宣扬哥白尼新体系的书籍在德意志、尼德兰等新教势力范围出版流传（尽管回归原始教义的新教领袖们对哥白尼体系有更深的敌意）。这迫使天主教廷开始正视哥白尼体系的潜在“威胁”。

1615 年，风波中的伽利略前往罗马向教廷陈情，结果却适得其反。经过教廷高层的争论，教宗保罗五世（Pope Paul V，1552—1621）授意宗教裁判所发布了“1616 禁令”（The 1616 Injunction）：天主教徒不得以任何方式坚持、捍卫或传播哥白尼学说，《天球运行论》列入天主教禁书目录——世间也许再没有物种像人类一样喜好剥夺同类发声的权利。

生存，还是毁灭，这是一个问题：默默承受厄运的明枪暗箭，抑或拔剑迎向苦海，涤荡丑恶，哪一种配得上高贵的心灵？[25]

——莎士比亚《哈姆雷特·第三幕》

“1616 禁令”的公开部分并没有点出伽利略的名字，但他深知隐藏在背后的含义：鲜花广场上的烈火“超度”了一个激进的布鲁诺，罗马城外荒丘乱坟的十字架下亦并不在意多收留一个沉默的伽利略。他没有为自己过早地选定结局——屈服，然后像一个失败却不失血性的懦夫，带着深深的自我厌恶，垂头丧气地回到了佛罗伦萨。

1623 年，伽利略的故交、枢机主教马菲奥·巴尔贝里尼（Maffeo

① 公元 395 年罗马帝国一分为二后，基督教内，西部拉丁语地区的罗马公教会（Roman Catholic）和东部希腊语地区的希腊正教会（Greek Orthodoxy）渐行渐远，最终于公元 1054 年互相开除教籍，正式分裂为天主教和东正教。

Barberini，1568—1644）当选新一任教宗，是为乌尔班八世（Pope Urban Ⅷ）。翌年，伽利略受邀前往罗马一叙，他向老朋友介绍了自己对潮汐现象的研究，并将潮水的振荡当作是地球围绕太阳公转的证据——即使在今天看来，伽利略的解释也是十分牵强的，他甚至无视自古以来就被观测到的月相与潮汐的耦合现象，实际上为自己提出了一个过于超前的课题。

乌尔班八世对伽利略表示了支持，他允许伽利略发表自己的潮汐理论，但只能将哥白尼体系作为一种数学假设或计算工具来陈述。

1632年，《关于托勒密和哥白尼两大世界体系的对话》（*Dialogo Sopra i due massimi systemi del mondo, Tolemaico e Copernicano*）通过教会的审查，顺利出版。此时的伽利略显然沉浸在盲目的乐观之中，他甚至舍弃了教会或学者间使用的官方语言——拉丁文，转而用贩夫走卒都能读懂的意大利文完成了这部普及性的作品。

当这部书呈给乌尔班八世时，形势急转直下。以开明和宽容自居的教宗发现，书中屡屡被“萨尔维亚蒂”嘲弄的“辛普里丘”口中竟然出现了自己曾经的言论，而这个名字恰好又在意大利文中与“蠢货”（sempliciotto）谐音，他的眼前甚至已经出现新教徒手持这本书嘲笑自己的画面——在天主教徒和新教徒之间是一场争夺信仰话语权的战争。可能在一些伽利略曾经的论敌的鼓动下，勃然大怒的乌尔班八世谕令宗教裁判所查禁了《关于托勒密和哥白尼两大世界体系的对话》，老朋友伽利略终于收到了宗教裁判所的正式传票。

人固有一死，或重于泰山，或轻于鸿毛。

——司马迁 《报任安书》

究竟是何等可怕的力量可以让一个人放下高贵的自尊，无所不用其极地贬低自己？

旷日持久的批判与声嘶力竭的控诉最终摧毁了伽利略的精神防线，

神情恍惚中他似乎又看见了鲜花广场上熊熊燃烧的烈火：烈火吞噬了布鲁诺扭曲的残体，烈火映照出教士们狰狞的笑脸……知识与理性支撑的思想大厦在不可抑制的恐惧中轰然倒塌，跪在冰冷石板上的伽利略战战兢兢，残存的意识使他明白：死亡与自己的距离只在一念之间。伽利略一遍又一遍地说服自己，强迫自己用宗教裁判所的思路来自我反省。在某些时候，他像一个丧失心智的人那样自言自语，他发自内心地相信自己有罪，真的看到了自己对崇高信仰的背叛所造成的损害，他甚至为数十年来“虚夸的自负、纯粹的无知、粗心的错误”而痛哭流涕……

1633 年 6 月 22 日，圣多明戈会的圣玛利亚教堂（Santa Maria Sopra Minerva）大厅，参与审判的枢机主教联席宣判：以亵渎“1616 禁令”和重大异端嫌疑判处终身监禁（后改为在家中软禁），《关于托勒密和哥白尼两大世界体系的对话》列入天主教禁书目录……

伽利略恭顺地接受了判决，在象征认罪伏法的“忏悔书”上颤颤巍巍地签下了自己的名字。他觉得自己就是“比萨斜塔上亲手抛下的铁球”，疾速坠落，最后粉身碎骨……

当伽利略被宣判时，他却满怀信心地宣告：地球仍在转动！……

——格奥尔基·季米特洛夫在“莱比锡审判”上的辩护词[①]

辗转半年后，已是戴罪之身的伽利略被软禁于自己的故居——佛罗伦萨附近的阿切特里（Arcetri）。他的余生选择在一种戏剧性的苦修中度过：日复一日的“忏悔”与至死方休的“继续犯罪”。他的天文观测坚持到了 1637 年双目失明。1642 年 1 月 8 日，在黑暗中求索了最后五年的老人在家中安然离世。

---

① 1933 年，德国纳粹以“国会纵火案”（Reichstag Fire）为由逮捕格奥尔基·米哈伊洛维奇·季米特洛夫（Георгий Михайлович Димитров，1882—1949，共产国际和保加利亚共产党的领导人）等人，组织了“莱比锡审判”（Leipzig Trial）。

宽恕

伽利略没有错
当他在夜空下望远
窥见世界之奇观
欣喜，且惊叹
……[26]

——2009 国际天文年的主题曲《巨人肩上》(*Shoulders of Giants*)

公元 2009 年，距伽利略在帕多瓦第一次用望远镜指向浩瀚苍穹已过去整整四百年。为了纪念这一标志性事件，特别是促使人类重新认识自己在宇宙中的地位，国际天文联合会（International Astronomical Union，IAU）与联合国教育、科学及文化组织（United Nations Educational, Scientific and Cultural Organization, UNESCO）联手发起了以“探索我们的宇宙”（The Universe, Yours to Discover）为主题的全球性国际天文年活动。随之而来的日全食奇观把天文年活动推向了高潮，人类在“科学”的名义下进入了不分种族、国界乃至意识形态的全球性狂欢。

伽利略去世了，“伽利略案件”（Galileo Affair）却成了梵蒂冈永远的痛。阿基米德之死疏通了罗马的霸主之路，而伽利略的屈服却敲响了中世纪神权独裁的丧钟。在近代世界的大门前，教廷抛弃了伽利略，却等不来下一个阿奎那……

账本要我自己去结算。灵魂要我自己去审判。双手要我自己去清洗。上帝的交给上帝。魔鬼的还给魔鬼。自己的，就勇敢地把它扛在肩上，甚至刻在脸上！

——戴厚英 《人啊，人！》后记

1979年，来自哥白尼故国的教宗若望·保罗二世（Pope John Paul Ⅱ，1920—2005）正式责成宗座科学院（Pontificia Accademia delle Scienze）组织一个委员会重新审理尘封346年的“伽利略案件”。十年后，梵蒂冈天文台受命主持编撰了《若望·保罗二世论科学与宗教：罗马新观点的反思》（*John Paul II on Science and Religion: Reflection on the New View from Rome*），推动了新一轮宗教神学与科学的对话与谅解。

1992年11月4日，梵蒂冈《罗马观察报》（*L'Osservatore Romano*）刊发了若望·保罗二世在宗座科学院的演讲：

> 多亏了他作为杰出物理学家与基于不同观点的直觉，实际上创立了实验方法的伽利略理解了为何只有太阳可以作为世界——当时已知的行星系——的中心。在那个时代，坚持地心观点的神学家们的谬误被认为是我们对物质世界结构的理解，在某种程度上，拘泥于《圣经》的字面意思……[27]

伽利略，这位曾在宗教裁判所数次屈膝的巨人，亦如前辈哥白尼，终于在辞世350年后重回信仰的怀抱，安息于自己灵魂的永恒归宿。

注　释

[1] 此段话的原文为：Doubt thou the stars are fire; Doubt that the sun doth move; Doubt truth to be a liar; But never doubt I love.

[2] 此段话的英译为：O Lord, the faith thou didst give to St. Paul, I cannot ask; the mercy thou didst show to St. Peter; I dare not ask; But Lord, the grace thou didst show unto the dying robber, that, Lord, show to me.

[3] 此段话的原文为：10:12 Then spake Joshua to the LORD in the day when the LORD delivered up the Amorites before the children of Israel, and he said in the sight of Israel, Sun, stand thou still upon Gibeon; and thou, Moon, in the valley of Ajalon.

10:13 And the sun stood still, and the moon stayed, until the people had avenged themselves upon their enemies. Is not this written in the book of Jasher? So the sun stood still in the midst of heaven, and hasted not to go down about a whole day.

[4] 此段话的原文为：19:5 Which is as a bridegroom coming out of his chamber, and rejoiceth as a strong man to run a race.

19:6 His going forth is from the end of the heaven, and his circuit unto the ends of it: and there is nothing hid from the heat thereof.

93:1 The LORD reigneth, he is clothed with majesty; the LORD is clothed with strength, wherewith he hath girded himself: the world also is stablished, that it cannot be moved.

[5] 此段话的原文为：Der revolutionäre Akt, wodurch die Naturforschung ihre Unabhängigkeit erklärte und die Bullenverbrennung Luthers gleichsam wiederholte, war die Herausgabe des unsterblichen Werks, womit Kopernikus, schüchtern zwar und sozusagen erst auf dem Totenbett, der kirchlichen Autorität in natürlichen Dingen den Fehdehandschuh hinwarf. Von da an datiert die Emanzipation der Natur forschung von der Theologie…

[6] 此段话的英译为：There are times in which the simplest and least ambiguous truth needs to be disguised before it can be disseminated; when the humanest and most sacred thoughts must be smuggled through back doors, masked and veiled like thieves, because the front doors are watched by the police and mercenaries of the authorities.

[7] 此段话的原文为：Qui ergo vult sine demonstratione gaudere de veritatibus rerum, oportet quod experientiae sciat vacare...

[8] 此段话的英译为：Now because 18 months ago the first dawn, 3 months ago broad daylight but a very few days ago the full sun of the most highly remarkable spectacle has risen — nothing holds me back. I can give myself up to the sacred frenzy. I can have the insolence to make a full confession to mortal men that I have stolen the golden vessel of the Egyptians to make from them a tabernacle for my God far from the confines of the land of Egypt. If you forgive me, I shall rejoice; if you are angry, I shall bear it; I am indeed casting the die and writing the book, either for my contemporaries or for posterity to read, it matters not which: let the book await its reader for a hundred years; God himself has waited six thousand years for his work to be seen.

[9] 此段话的原文为：3:19 In the sweat of thy face shalt thou eat bread, till thou return unto the ground; for out of it wast thou taken: for dust thou art, and unto dust shalt

thou return.

[10] 此段话的原文为：Mensus eram coelos, nunc terrae metior umbras, Mens coelestis erat, corporis umbra jacet.

[11] 此段话的英译为：And that inverted bowl they call the sky, whereunder crawling cooped we live and die. Lift not your hands to it for help —for it as impotently rolls as you or I.

[12] 此段话的原文为：22:21 They say unto him, Caesar's. Then saith he unto them, Render therefore unto Caesar the things which are Caesar's; and unto God the things that are God's.

[13] 此段话的原文为：1:1 In the beginning was the Word, and the Word was with God, and the Word was God.

[14] 此段话的英译为：Well, suppose we were able to find something that you had no doubt not only exists but also is more excellent than our reason. Would you hesitate to say that this, whatever it is, is God?

[15] 此段话的英译为：I answer that, sacred doctrine is a science. We must bear in mind that there are two kinds of sciences. There are some which proceed from a principle known by the natural light of intelligence, such as arithmetic and geometry and the like. There are some which proceed from principles known by the light of a higher science①: thus the science of perspective proceeds from principles established by geometry, and music from principles established by arithmetic. So it is that sacred doctrine is a science because it proceeds from principles established by the light of a higher science, namely, the science of God and the blessed. Hence, just as the musician accepts on authority the principles taught him by the mathematician, so sacred science is established on principles revealed by God.

[16] 此段话的英译为：For if the natural motion is upward, it will be fire or air, and if downward, water or earth.

[17] 此段话的英译为：These arguments make it plain that every body has its natural movement, which is not constrained or contrary to its nature. We go on to show that there are certain bodies whose necessary impetus is that of weight and lightness. Of necessity, we assert, they must move, and a moved thing which has no natural

---

① 托马斯・阿奎那的 natural light of intelligence 与 light of a higher science 可能源自圣奥古斯丁的“光照说”（illuminatio，可以追溯到柏拉图），即真理源自上帝之光照耀理性的心灵。此处的“基本原则”（principle）可以理解为欧几里得体系的“公理”（axiom）。

impetus cannot move either towards or away from the centre. Suppose a body A without weight, and a body B end owed with weight. Suppose the weightless body to move the distance CD, while B in the same time moves the distance CE, which will be greater since the heavy thing must move further. Let the heavy body then be divided in the proportion CE: CD (for there is no reason why a part of B should not stand in this relation to the whole). Now if the whole moves the whole distance CE, the part must in the same time move the distance CD. A weightless body, therefore, and one which has weight will move the same distance, which is impossible. And the same argument would fit the case of lightness.

[18] 此段话的英译为：We see that bodies which have a greater impulse either of weight or of lightness, if they are alike in other respects, move faster over an equal space, and in the ratio which their magnitudes bear to each other. Therefore they will also move through the void with this ratio of speed. But that is impossible; for why should one move faster? (In moving through plena it must be so; for the greater divides them faster by its force. For a moving thing cleaves the medium either by its shape, or by the impulse which the body that is carried along or is projected possesses.) Therefore all will possess equal velocity. But this is impossible.

[19] 此段话的英译为：...opposite statements cannot be true of the same thing at one time; nor can contrary statements...

[20] 此段话的英译为：Salviati: If then we take two bodies whose natural speeds are different, it is clear that on uniting the two, the more rapid one will be partly retarded by the slower, and the slower will be somewhat hastened by the swifter. Do you not agree with me in this opinion?

Simplicio: You are unquestionably right.

Salviati: But if this is true, and if a large stone moves with a speed of, say, eight while a smaller moves with a speed of four, then when they are united, the system will move with a speed less than eight; but the two stones when tied together make a stone larger than that which before moved with a speed of eight. Hence the heavier body moves with less speed than the lighter; an effect which is contrary to your supposition. Thus you see how, from your assumption that the heavier body moves more rapidly than the lighter one, I infer that the heavier body moves more slowly.

Simplicio: I am all at sea because it appears to me that the smaller stone when added to the larger increases its weight and by adding weight I do not see how it can fail to increase its speed or, at least, not to diminish it.

Salviati: Here again you are in error, Simplicio, because it is not true that the smaller stone adds weight to the larger.

Simplicio: This is, indeed, quite beyond my comprehension.

[21] 此段话的英译为：Sciences are differentiated according to the various means through which knowledge is obtained. For the astronomer and the physicist both may prove the same conclusion: that the earth, for instance, is round: the astronomer by means of mathematics (i.e. abstracting from matter), but the physicist by means of matter itself…

[22] 此段话的英译为：A piece of wooden moulding or scantling, about 12 cubits long, half a cubit wide, and three finger-breadths thick, was taken; on its edge was cut a channel a little more than one finger in breadth; having made this groove very straight, smooth, and polished, and having lined it with parchment, also as smooth and polished as possible, we rolled along it a hard, smooth, and very round bronze ball. Having placed this board in a sloping position, by lifting one end some one or two cubits above the other, we rolled the ball, as I was just saying, along the channel, noting, in a manner presently to be described, the time required to make the descent. We repeated this experiment more than once in order to measure the time with an accuracy such that the deviation between two observations never exceeded one-tenth of a pulse-beat. Having performed this operation and having assured ourselves of its reliability, we now rolled the ball only one-quarter the length of the channel; and having measured the time of its descent, we found it precisely one-half' of the former. Next we tried other distances, comparing the time for the whole length with that for the half, or with that for two-thirds, or three-fourths, or indeed for any fraction; in such experiments, repeated a full hundred times, we always found that the spaces traversed were to each other as the squares of the times, and this was true for all inclinations of the plane, i. e., of the channel, along which we rolled the ball. We also observed that the times of descent, for various inclinations of the plane, bore to one another precisely that ratio which, as we shall see later, the author had predicted and demonstrated for them.

For the measurement of time, we employed a large vessel of water placed in an elevated position; to the bottom of this vessel was soldered a pipe of small diameter giving a thin jet of water, which we collected in a small glass during the time of each descent, whether for the whole length of the channel or for a part of its length; the water thus collected was weighed, after each descent, on a very accurate balance;

the differences and ratios of these weights gave us the differences and ratios of the times, and this with such accuracy that although the operation was repeated many, many times, there was no appreciable discrepancy in the results.

[23] 此段话的英译为：Philosophy [i.e. physics] is written in this grand book — I mean the universe — which stands continually open to our gaze, but it cannot be understood unless one first learns to comprehend the language and interpret the characters in which it is written. It is written in the language of mathematics, and its characters are triangles, circles, and other geometrical figures, without which it is humanly impossible to understand a single word of it; without these, one is wandering around in a dark labyrinth.

[24] 此段话的原文为：1:11 Which also said, Ye men of Galilee, why stand ye gazing up into heaven? …

[25] 此段话的原文为：To be, or not to be: that is the question: Whether it's nobler in the mind to suffer the slings and arrows of outrageous fortune, or to take arms against a sea of troubles, and by opposing end them?

[26] 此段话的原文为：Galileo was right when he looked out in the night and he discovered wonders of the world to surprise and delight…

[27] 此段话的原文为：Thanks to his intuition as a brilliant physicist and by relying on different arguments, Galileo, who practically invented the experimental method, understood why only the sun could function as the centre of the world, as it was then known, that is to say, as a planetary system. The error of the theologians of the time, when they maintained the centrality of the Earth, was to think that our understanding of the physical world's structure was, in some way, imposed by the literal sense of Sacred Scripture…

第三章　帝国的崛起

沉思者之梦

昔者庄周梦为蝴蝶，栩栩然蝴蝶也。自喻适志与！不知周也。俄然觉，则蘧蘧然周也。不知周之梦为蝴蝶与？蝴蝶之梦为周与？周与蝴蝶则必有分矣。此之谓物化。

——《庄子·内篇·齐物论》

1608年左右，约翰内斯·开普勒完成了一部小说，这是一个“从地球到月球”（De la Terre à la Lune）[①]的故事，它的名字叫《梦》（*Somnium*）[②]，而在亚里士多德的“月下世界”（sublunary sphere），从法兰西的拉夫雷士到德意志的乌尔姆，从尼德兰的阿姆斯特丹到瑞典的斯德哥尔摩，是一位游侠的远行，一位沉思者的梦……

多瑙河畔

少长江汉，五岁诵六甲，十岁观百家。轩辕以来，颇得闻矣。常横经籍书，制作不倦，迄于今三十春矣。以为士生则桑弧蓬矢，射乎四方，故知大丈夫必有四方之志。乃仗剑去国，辞亲远游。南穷苍梧，东涉溟海。

——李白《上安州裴长史书》

---

① 《从地球到月球》是法国科幻小说家儒勒·加百列·凡尔纳（Jules Gabriel Verne，1828—1905）于1865年出版的科幻小说。

② 这部小说初版于开普勒去世后的1634年，或许是第一部近代意义上的“科幻小说”，但对当时的人来说它更像是一部“魔幻小说”。

发轫于16世纪的新教改革像一针兴奋剂注入了在黑暗中沉寂的中古世界，一个世纪的信仰激辩最终撕裂了本不宁静的欧洲。公元1618年5月23日，愤怒的新教徒在布拉格首举义旗，波西米亚（Bohemia）的动荡拉开了“三十年战争”（The Thirty-year War，1618—1648）的序幕。大大小小的邦国启动了酝酿多时的战争机器，弥漫欧陆的战火烽烟中，哈布斯堡家族（House of Habsburg）支配下的神圣罗马帝国大厦将倾。

1619年的冬季，隶属天主教同盟的巴伐利亚（Bavaria）军团驻扎在多瑙河（Danube）河畔的德意志小镇乌尔姆（Ulm），休整队伍。

一个非常寒冷的冬夜，深沉的暮色吞没了周遭一切，留给这个征尘纷乱的世界稍纵即逝的静谧。简陋的行军帐内，炉火映照着一个苍白的面庞——年轻的雇佣军军官、来自法国的贵族少爷一如既往地沉浸在自己的世界里，他叫勒内·笛卡儿（René Descartes，1596—1650），拉丁名为勒那图斯·卡提修斯（Renatus Cartesius）①。

为了实践自己“读世界这本大书”的人生理想，投笔从戎的笛卡儿已经度过了三年军旅岁月。战争的机缘，使他有机会游历满目疮痍的欧洲，在硝烟中继续他关于这个世界的思考。

寒冷无疑加重了这个体质虚弱的青年对温暖的依赖，他把整个身体蜷缩进了被窝。那是另一种与世隔绝，就像孤独的灵魂寻求永恒的庇护……

睡懒觉的人

大梦谁先觉，平生我自知。

草堂春睡足，窗外日迟迟。

——罗贯中 《三国演义》

---

① 笛卡儿姓名的法文拼写实际上是René de les Cartes，许多以笛卡儿冠名的现代科学术语使用的是Cartesian，如Cartesian Coordinate System（笛卡儿坐标系统）、Cartesian Product（笛卡儿积）等。

恍惚中，笛卡儿仿佛回到了少年时代……

拉夫雷士（La Flèche）耶稣会学校，某个春光明媚的早晨。

同学们正在教室里为课业而忙碌，而笛卡儿却可以在床上尽情享受睡懒觉的“特权”。

阳光洒进窗台，混合着鲜花与露水的味道。日上三竿，少年恋恋不舍地远离梦的彼端，睁开迷蒙的双眼，慵懒地靠坐在床头。他就这样独守自处，或安静地凝视色彩缤纷的窗外，或捧读一本同龄人闻所未闻的古书，日复一日，周而复始，任凭光阴无声地流逝。

这一习惯源自身体与心灵的先天顽疾：幼年的体弱多病，使笛卡儿强烈地依恋着室内的温暖。他不像同龄人那样热衷于奔向田野与操场的自由，他也依恋着窗外明媚的阳光，但那只是一个脆弱生命对外部世界有节制的渴望；母亲早逝的阴影带给他对孤独的眷恋。他喜欢在孤独中陷入沉思，在与世隔绝的沉思中触摸窗外的世界，感受自己的存在，慰藉孤独的灵魂。终其一生，笛卡儿都要在持续的双重阴影下不断寻求暂时的安全感。

怎么办?

从德意志的黑森林到乌克兰的辽阔原野，奔流不休的多瑙河像母亲一样滋养着她沿岸的儿女。在这无尽的寒夜，她也接纳了羸弱的笛卡儿，用她细碎的涛声，催促着焦虑的孩子，直到他沉沉地睡去……

修道院，
灵魂的渡口，
在渡船上祈祷的我，
祈祷温暖的彼岸。
直到恶灵掀起风暴，
我的船偏离了航向。
哪里是天主的圣堂?

陌生的地方，

迷途的羔羊，

恐惧、无助、彷徨……

疼痛，剧烈的疼痛……

寒风呼啸正劲，木柴在暖炉里的“噼啪”声中化为灰烬。笛卡儿从梦中惊醒，他在被窝里战栗，顾不得大汗淋漓——噩梦的痕迹，把被子捂得更紧，好像拼命要让自己窒息……

我们存在于感官所及的世界，但它充满偶然与谎言，由此产生的知识仅仅是欺骗，是引诱我们偏离真理的魔鬼。感性不过是痛苦的源泉，是她孕育了恶灵的风暴。风暴中的不系之舟在永恒的旋涡里盘旋。

怎么办?

不列颠式回答

此刻，惶恐不安的笛卡儿不知道，这个折磨自己许久的问题马上就会有一个不列颠式回答……

我兀立于海港，

极目远眺。

宁静的彼岸，

是我心潮澎湃之所向。

蠢蠢欲动，

是天边的阴云。

是潜伏的，

魔鬼的迷雾。

是不期而至的，

远航者的忧伤。

终于，在无数人的彷徨与踯躅中，一艘三桅快船乘风起航。告别海格力斯之柱（Pillars of Hercules），穿越直布罗陀海峡，把旧世界的尽头抛诸脑后，面对波涛汹涌、辽阔无垠而又充满希望的大西洋，扬起胜利的风帆……

这激动人心的景象来自一本书的扉页，这部书即初版于1620年的《新工具》(*Novum Organum*)[①]。在这部向古典世界圣人亚里士多德《工具篇》"致敬"的著作中，英格兰首席检察官兼上议院大法官弗朗西斯·培根（Francis Bacon，1561—1626）——不列颠的第二位"培根"，以哥伦布式的气魄，一如他的书名，为人类的理性开辟了新的途径。

就是这位新世界的领航员，掀起了一场面向灵魂的革命。

面向灵魂的革命自然不是杀人，它的对象是"偏见"，是数千年来哲学的、逻辑的、数学的形而上迷思对感性经验的鄙夷。培根要彻底摧毁经院派的空中楼阁，终结唯演绎独尊的亚里士多德时代。脚下坚实的大地给了他勇气，去直面繁芜丛杂的现象世界，把知识根植于人类所及的经验事实。

数十年宦海沉浮，尔虞我诈的官场历练铸造了培根特有的秉性。在欺骗中成长的灵魂从来不会畏惧谎言，没有所谓的痛苦，只有在无数个谎言背后发现真相的乐趣。

对一个渴望搏斗的战士，恶灵的风暴、魔鬼的迷雾，一切潜在的危险只能刺激他战斗的欲望。理性的秩序要被重新奠定。

> 知识就是力量[②]。
>
> ——弗朗西斯·培根 《神圣的沉思》

在演绎体系中"同义反复"的三段论（syllogism）不得不让出独霸的理性舞台。一种从感性经验走向理性认识的"新工具"——归纳

---

① 全名为 *Novum Organum Scientiarum*（《新的科学工具》）。

② 这句话的原文为：Nam et ipsa scientia potestas est，可直译为"因为知识本身就是力量"，一般简写为 scientia potestas est，其实弗朗西斯·培根指的是上帝的知识是上帝力量的一部分。

逻辑（induction logic）“粉墨登场”。从思辨到经验，“实验”作为通向真理的一条途径正式登上学者的大雅之堂，为科学贴上“实验”标签的风潮以锐不可当之势喷涌而来。

洞穴之外

笛卡儿紧闭双眼，强迫自己忘掉“噩梦”。他一遍又一遍祈祷，期望上帝赐予安宁……在虔诚向疲劳缴械之后，军帐内再一次传出了轻微的鼾声……

霹雳、闪电、雷霆？

一声巨响，梦醒之间……

军帐内，星光四溢，在流动中闪烁，竟把四周照耀得煌煌如昼。

笛卡儿不能分辨目之所见似真似幻。他呼吸急促，却又切身感受到一种前所未有的温暖流遍全身。他好像身处神圣的仪式，在灿若星河的辉光中万事万物皆历历在目……自德尔斐始，哲人苦苦追寻着世间的真理，宇宙的本来面目。他们逃避幻觉、假象、谎言与欺骗，舍弃幽闭阴暗中的火光，历尽千辛万苦走出柏拉图之洞穴。这是魔鬼的交易，犹疑者三思而却步，只有无畏者一往而无前，因为这场交易最后的价码是生命。

洞穴外温暖和煦的阳光，如痴如醉的先驱者。笛卡儿不禁为之欣喜，他迫切地想走上前去，与苏格拉底攀谈，与柏拉图为友，与亚里士多德共享真理的阳光。

站住！

一个声音从远处传来，似乎是与灵魂的对话：

谁来告诉你，

你正拥抱的太阳，

不是又一个洞穴里，

摇曳的火光？

洞穴之外也许还有洞穴，幻象的尽头也许还是幻象。

怎么办?

芦苇

1647年的秋天，笛卡儿探访了一位旅居巴黎的青年才俊，布莱士·帕斯卡（Blaise Pascal，1623—1662）。对笛卡儿而言，这算不上一次友好的拜访。在短暂的寒暄过后，两位沉思者的灵魂便激烈地碰撞在一起，火星四溅。

争论的焦点是“真空”（vacuum）。身体虚弱的帕斯卡激动地为自己的信念辩护，但他收获的只是长者的不屑一顾。在早已功成名就的笛卡儿看来，年轻人对于这种虚妄东西的坚持是十分可笑的，他索性把更多的注意力集中到了病床上传来不间断的咳嗽声。他确信自己应该给初出茅庐的后生小辈提供一些关乎健康的忠告，这是一位学界长辈应有的风度……“路易十四时代”（Le Siècle de Louis XIV）[①]的两位法兰西思想之灵唯一的一次会晤，在没有交集的激辩中不欢而散。

当局者迷，旁观者清。旁人眼里，争论的背后是彼此深深的嫉妒。他们确实有太多值得互相嫉妒的理由：相似的家世导致相似的癖好，相似的癖好酝酿相似的经历，相似的经历孕育了相似的思想……也许上帝本不该把这一老一少安排在同一个时代。

两束光在空间某处偶然相遇，却又互不干扰地朝各自的方向离去。笛卡儿拂袖而去，成全了两位隐士各自的传奇。

在纯粹的神学中乞求宁静的帕斯卡留下了孤独灵魂的“精神自传”——在他去世后结集的《思想录》（*Pensées*，1669）[②]。他甚至为

---

① 即伏尔泰（Voltaire，1694—1778）在同名著作中“追忆”或者说“重构”的法兰西黄金时代。

② 全名为 Pensées de M. Pascal sur la religion, et sur quelques autres sujets（“帕斯卡先生的思想录：论宗教及其他”）。

“上帝是否存在”与“人是否应信仰上帝”设下一个“帕斯卡赌局”（Pascal’s Wager），引入“期望”（expectation）的比较，找出最优收益的策略。这使得他和同时代的皮埃尔·费马（Pierre de Fermat，1607—1665）、克里斯蒂安·惠更斯（Christiaan Huygens，1629—1695）一道成为概率论、统计学和决策论（decision theory）的先驱①。

在一种徘徊于理性与信仰的忧伤中，人们听到这位39岁英年早逝的学者冷静地述说：

> 人不过是一根芦苇，是自然界最脆弱的东西；但他是一根能思想的芦苇。用不着整个宇宙拿起武器来才能毁灭他；一口气、一滴水就足以致他死命了。然而，纵使宇宙毁灭了他，人却仍然要比致他于死命的东西更高贵得多；因为他知道自己要死亡，以及宇宙对他所具备的优势，而宇宙对此却是一无所知。因而，我们全部的尊严就在于思想……[1]
>
> ——《思想录·人之伟大》（XXIII Grandeur de l’homme）

当弗朗西斯·培根的不列颠“经验之船”乘风破浪，一往无前的时候，隐居欧陆的沉思者笛卡儿如德尔斐的苏格拉底，反复申述：

> 我思故我在②。

在献给波西米亚的伊丽莎白公主（Princess Elisabeth of Bohemia，1618—1680）③的《哲学原理》（*Principia Philosophiae*，1644）中，笛卡

---

① 1654年，费马与帕斯卡在一系列通信中讨论了分配赌金的问题（problem of points）。1657年，惠更斯在二人基础上发表了《论赌博中的机会》（*De Ratiociniis in ludo aleae*）。

② 在笛卡儿的《方法论》（*Discours de la Méthode*，1637）中，这句话最早以法文的形式出现 Je pense, donc je suis，拉丁文一般简写为 Cogito ergo sum。

③ 笛卡儿被波西米亚的伊丽莎白公主视为哲学和德性的导师，两人保持了长期的通信，就心与物的二元论等话题进行了深入的讨论。

儿总结了自己规划的另一条知识路径："我思"是对"我"或者说帕斯卡的"芦苇"的意识，构成了"我在"的本质，即帕斯卡所说的"我们全部的尊严"，从这个基点出发，走向对精神与物质世界普遍的"怀疑"（dubito），怀疑洞穴内的影子，怀疑洞穴外的阳光，怀疑的对象是除了"我思"之外一切"我所思"——当怀疑到"我思"或者说怀疑本身时，怀疑就终止了①——走出一个洞穴再走出下一个，从一个幻象的尽头走到下一个幻象的尽头……

多瑙河上，凄厉的寒风试图折断每一根芦苇，但脆弱的它们只是簇集在水边，若无其事地、有节奏地随风摇摆……

奥索尼乌斯的诗

军帐中的笛卡儿第三次进入了深度睡眠……

统合万学的辞典，倾诉哲理的诗集。

古罗马诗人奥索尼乌斯（Decimius Magnus Ausonius，310?—395?）在吟唱：

我的生命应该选择什么样的旅程？[2]

"是与非"（Est et Non）②，真理与谬误！

圣贤铜像的坠落，古典时代的落幕！

没有时间徘徊在无休止的混沌，各行其是的知识需要开凿连通的运河，统一的智慧期待融会贯通的哲学。

---

① 也就是说，除了怀疑本身（"我在怀疑"）不能怀疑外，其余皆可怀疑，这是笛卡儿通向知识的第一原则。

② Est et Non 也是奥索尼乌斯的诗句。

世界的经纬

工欲善其事，必先利其器。

——《论语·卫灵公》

1637年6月8日，隐居荷兰的笛卡儿用法语匿名出版了《科学中正确运用理性和追求真理的方法论》(*Discours de la méthode pour bien conduire sa raison, et chercher la vérité dans les sciences*)，简称《方法论》(*Discours de la Méthode*)。神学家关心上帝存在的本体论（Ontology）证明，哲学家热衷于心物二元论（Dualism），但真正令人惊喜的是随书发表的《几何学》(*La Géométrie*)、《折光学》(*La Dioptrique*）与《气象学》(*Les Météores*）三篇附录，以至于我们尽可以将正文《方法论》视为这三篇论文的形而上学导言。

虽然笛卡儿的物理学或天文学成就集中体现在《折光学》与《气象学》，但是在物理学史乃至人类理性历史中，笛卡儿必须带着他的《几何学》以一位“彻底的数学家”的身份登场，他曾在未完成的《指导心智的规则》(*Regulae ad Directionem Ingenii*）① 中宣称：

规则四：我们需要一个从事物中探寻真理的方法。[3]

这需要通过对属于“天赋观念”(innate idea）的“广延”(extension）② 的度量，将一切问题转化成数学问题，将一切数学问题转化成代数问题，将一切代数问题转化成方程求解的问题。为了达成这个宏伟的计划，笛卡儿要构造融会贯通的统一哲学，古希腊流传而下的黄金传统

---

① 《指导心智的规则》可视为笛卡儿哲学或知识体系的纲领，在笛卡儿生前并未出版，拉丁文本的第一版出版于1701年。

② 笛卡儿的“广延”是事物不依赖于感官的空间属性，是事物的本质属性。

已然显得碍手碍脚：在图形与技巧中令人茫然无措的几何，在公式与法则间扼杀想象力的代数，两条分立的河流已濒临枯竭的边缘。他要建立一套新的学问，一套将欧几里得与丢番图之“美德”兼容并包的新科学——解析几何（analytic geometry），即笛卡儿设想的“普遍数学”（mathesis universalis）[①]。

解析几何，一套描述整个世界的语言。过去，几何学家说话用点、线、面、体，而代数学家说话用数字、算式与方程，识图者未必识数，识数者未必识图；现在，笛卡儿——自然界的“语言学家”为宇宙订立了通用的语言——坐标（coordinate）：空间中的点对应于一组有序的数，每一个方程决定一条流动的曲线……相交的垂线构成了笛卡儿坐标系（Cartesian Coordinate System），是航海家的六分仪，也是丈量世界的经纬线——自然哲学的“新大陆”已是倚马可待了……

历史的坐标

漫长的寒夜已经过去，笛卡儿走出军帐，尽情享受冬日的暖阳。他还不知道，因为昨夜那三个不同寻常的梦，历史的坐标已经定格在了（多瑙河畔的乌尔姆，公元1619年11月10日的夜晚）。1627年，躲避战祸的开普勒曾在此短暂驻留，自费印刷了他的最后一部作品——《鲁道夫星表》。而人类智慧的曲线下一次经过这一点，还要等到260年以后。

巴伐利亚军团即将开拔，笛卡儿吩咐仆人整理细软。行军的目的地是布拉格，那里有一场决定“三十年战争”走向的“白山之役”（The Battle of the White Mountain）以及中将勋衔的军人荣耀等着他……

---

① 其他哲学家对“普遍数学”有不同的理解。

终点，斯德哥尔摩

1649年，瑞典瓦萨王朝（Vasa Dynasty）的统治者、特立独行的克里斯蒂娜女王（Queen Christina，1626—1689）[①]为她的文化沙龙迎来了一位重量级嘉宾，即名满天下的哲学骑士——勒内·笛卡儿。

作为女王礼贤下士聘请的哲学教师，习惯于尼德兰海滨和煦海风的笛卡儿不得不来到被刺骨风雪封冻的斯堪的纳维亚。正值芳龄的女王给予自己仰慕已久的哲学家最崇高的礼遇，她热情地邀请笛卡儿每天早晨莅临寝宫传授哲学——这是任何宠臣都难以奢望的荣幸。

然而，当不到11点不下床的哲学家遇上了日理万机、黎明即起的女王，故事的结局一定不会是皆大欢喜。

在几个月凌晨5点的风雪奔波摧残之后。1650年2月，笛卡儿终于罹患肺炎，一病不起——

离开的时候到了，

梦的尽头，我思的终点……

在内疚中伤心欲绝的女王，幸灾乐祸的天主教士，还有扑朔迷离的死因谣言……智慧终究在冰天雪地里凋零。

极寒之地的斯德哥尔摩最终收容了终生渴望温暖的灵魂，理性帝国的奠基者在这里止步。两个多世纪之后，这座城市将凭借非理性冲动支配下的理性产物——炸药，一跃成为整个世界科学的荣耀中心。

---

① 克里斯蒂娜女王的父亲是“三十年战争”时期的瑞典国王（新教势力一方）古斯塔夫二世（Gustav Ⅱ Adolf，1594—1632，被誉为“北方雄狮”）。克里斯蒂娜在父亲阵亡后继承了王位（正式头衔是King，而非Queen），任内推动了《威斯特伐利亚和约》（*Peace Treaty of Westphalia*，1648）的签订，结束了“三十年战争”，促进了近代欧洲民族国家的形成。后皈依天主教，于1654年退位，游历西欧，逝世于罗马。

苹果与黄金

混沌太初，洪荒宇宙。
物含妙理，天行有常。
浩瀚苍穹下，是谁记下的公式，
串起了日月星辰，曼妙的舞蹈？
又是谁写下的方程，
编织了时间与空间，跃动的旋律？

当自然律还在黑暗中沉睡，
理性的田园仍旧荒芜。
大千世界，何人解其深意？
万象更新，何人得其要领？
自然的面前，人类如此卑微。
前行的航船竟没有灯塔的指引！
这，是一个呼唤巨人的时代！

鲜花广场上的烈火，照亮了文明与蒙昧的分野。
比萨斜塔坠落的铁球，击碎了桎梏真理的囚笼。
宗教裁判所抹杀不了，地球转动的事实。
偏僻的英伦乡间，
是谁，悄悄夺下了造物者，
操纵万物的线？
……

伯利恒之星

希律王在位时，耶稣降生于犹太的伯利恒。有几位贤者从东方来到耶路撒冷。

说："那降世来作犹太人之王的在哪里？我们在东方看见他的星，特来拜见。"

……

贤者们听了王的话便上路。发现在东方所看见的那星在他们前面指引，直到停止于那婴孩所在之上。[4]

——《新约·马太福音》

公元1643年2月4日，明崇祯十五年（壬午）腊月十六，科场失意的徐宏祖（字振之，号霞客，1587—1641）身后留下的六十余万字考察日记，经其故友季梦良（字会明）等人的辛勤整理，首次编纂成书，是为《徐霞客游记》。这部17世纪的地理学著作详细记载了古老中国的名山大川、风土人情及轶闻野史，垂死挣扎的大明帝国不经意间为"哥伦布时代"留下了最后的致意。

不朽的徐霞客，是他用三十余年踏遍三山五岳的足迹最后一次勾勒了只属于中国人的"天下"。就在一个月前，在这"天下"所不及的异域，在绝大多数中国人意识中尚不存在的不列颠，在英格兰林肯郡沃尔索普村（Woolsthorpe，Lincolnshire）一个普通农家里——遗腹子、早产儿伊萨克·牛顿（Isaac Newton，OS:1642—1726/NS:1643—1727），发出了他在混沌世间的第一声啼哭。

这个婴儿一出生就笼罩在"新"与"旧"交织的历史迷雾之中：按照盖尤斯·儒略·恺撒（Gaius Julius Caesar，公元前100—前44）于公元前46年颁布的"儒略历"（Julian calendar，O.C.，即旧历），他的出生日期记为1642年12月25日；而按照天主教会1582年历法改革后颁布的“格里历”(Gregorian calendar，N.C.，即新历、现行公历)，他的出生日期则记为1643年1月4日。基督教世界经历了11世纪和16世纪两次大分裂后，欧洲出现了新旧历法长期并行的局面，天主教势力范围通行“格里历”，而东正教和当时的新教势力范围则坚持“儒略历”，奉新教安立甘宗（Anglicanism）为国教的英国直到1752年才转用“格里历”。

由此，伊萨克·牛顿的降世将被历史赋予双重的意义：对并行的新旧两历而言，这一年，1642年，文艺复兴的科学旗手伽利略·伽利雷“荣归”天堂①；对沿用旧历的地区来说，这一天，12月25日，万王之王（King of Kings）耶稣基督降临世间②——他背负诸多隐喻的一生，才刚刚开始……

师说

世有伯乐，然后有千里马。千里马常有，而伯乐不常有。

——韩愈 《马说》

1669年，剑桥大学（Cambridge University）正值盛年的首任卢卡斯数学教授（Lucasian professor of mathematics）伊萨克·巴罗（Isaac Barrow，1630—1677）向学校提交了辞职申请。

作为事业如日中天的古典学与几何学权威，巴罗的辞职消息霎时间在宁静的校园内激起波澜。是宫廷斗争，还是教会干涉？是看破红尘，还是精神失常？……当众人尚在热议各色小道八卦的时候，一个

① 按“儒略历”，伽利略逝世于1641年12月29日，按“格里历”，则为1642年1月8日。对当时用旧历的英国而言，牛顿诞生于1642年，对当时用新历的意大利而言，伽利略逝世于1642年，两历并行导致这两个事件被记录在了同一年。

② “儒略历”的12月25日本来是古罗马的太阳神诞辰，在基督教与罗马传统融合的过程中逐步被确定为耶稣的诞辰，即圣诞节。今日，使用“格里历”地区的圣诞节是公历的12月25日，而沿用“儒略历”的东正教地区（比如俄罗斯）的圣诞节则是公历的1月7日。

更具爆炸性消息被某位好事之徒披露出来：巴罗大力推荐的继任者就是那个前一年才获得人文硕士学位（Master of Arts）的家伙，离群索居、孤僻怪异的下等人、乡巴佬——伊萨克·牛顿！

无论在什么时代，小道消息承载的都是无所事事者惊人的想象力。三一学院（Trinity College）的贵族子弟们几乎笑得前仰后合，但很快他们就要强迫自己在人前收敛笑容。

该死，那个乡巴佬已经穿着工整而华丽的教授制服出现在了讲台上！

踌躇满志的牛顿静静地伫立在剑桥大学无比荣耀的讲坛上，在他凌厉目光的扫视下整个教室的空气似乎都凝固了。刚才还在嬉笑打闹的世家少爷们陷入了紧张的不安，他们无法忍受这种可怕的沉寂，即使他们也知道自己此刻的窘迫是在为刚才的张狂赎罪，他们甚至在心中默默祈求来自牛顿教授劈头盖脸的痛骂……然而讲台上那个人依旧并没有开口的欲望，他习惯以沉默的方式享受，享受向高贵者复仇的快感……

1661 年秋，在格拉瑟姆国王学校（The King's School，Grantham）[①] 校长亨利·斯托克斯（Henry Stokes）和舅父威廉·埃斯库牧师（Rev. William Ayscough）的鼓励与支持下，19 岁的牛顿终于彻底脱离令他难以启齿的务农生活，只身来到剑桥大学，作为勤工俭学的减费生入读三一学院。

与苦难的开普勒同病相怜，讳莫如深的出身与并不快乐的童年在牛顿的精神肖像抹上了一笔神经质的印迹。剑桥大学收容了这个敏感而又脆弱的灵魂，他在此理所当然地、贪婪地吸收知识与智慧，旁若无人地沉浸在亚里士多德的《工具篇》、欧几里得的《原本》、开普勒的《天文光学》（*Astronomiae Pars Optica*，1604）与《折光学》

① 牛顿于 1655—1660 年在此就读，其间曾被再次守寡的母亲召回沃尔索普村务农，后经校长和舅父干涉，方才回到学校完成学业。

（*Dioptrice*，1611）[①]、伽利略的《关于托勒密与哥白尼两大世界体系的对话》与《星际信使》（*Sidereus Nuncius*,1610）、笛卡儿的《哲学原理》与《几何学》等，以及弗朗索瓦·韦达（François Viète，1540—1603）、皮埃尔·德·费马（Pierre de Fermat，1607—1665）、克里斯蒂安·惠更斯（Christiaan Huygens，1629—1695）等人的著作中。

两位“伊萨克”在这里相遇，成就后世津津乐道的美谈。卢卡斯数学教授巴罗开设的运动学讲座为牛顿推开了通向新世界大门的一条缝隙，而年轻的教授则以敏锐的洞察力注意到并不起眼的穷学生引而未发的力量——从1664年到1669年，“伊萨克”与“伊萨克”的交接延续了荣耀的传承，从苏格拉底到柏拉图，从柏拉图到亚里士多德……今天，老师的工作几乎已经被学生的光芒所掩盖，如果后人一定要追究巴罗所“算计”的回报，那也只能是他的光辉头衔：伊萨克·牛顿的老师，这应该是上帝或历史对为人师者最高的奖赏。

虹与流

……在这群星璀璨的夜晚，我第一次向宇宙的冷漠敞开心扉。发现它那么像我自己，真切地像我的一个兄弟……[5]

——阿尔贝·加缪 《局外人》（Partie 2Ⅴ）

1665年，牛顿获得了人文学士学位（Bachelor of Arts）。同年，一场大规模鼠疫（Great Plague，1665—1666）席卷伦敦，剑桥大学亦不能幸免，学校被迫宣布停课。牛顿于是年8月回到了家乡沃尔索普村。与世隔绝的乡间生活比之剑桥充满敌意的贵族圈子更适合于牛顿的隐士做派，孤僻的灵魂在这里向整个宇宙敞开心扉。

---

① 开普勒改造了伽利略式折射望远镜，将目镜由凹透镜改为凸透镜，设计制作了开普勒式折射望远镜。

按牛顿自己的回忆，两年的家乡岁月正是自己学术生涯的黄金时期，他在沃尔索普村迎来了自己的“奇迹年”（Annus Mirabilis）①。

牛顿的“奇迹年”里，第一个关键词是“虹”（rainbow）——“大洪水”（deluge）退去后，上帝与诺亚（Noah）立约的标志……

> 我把虹放在云彩中，这就可作我与地立约的记号了。[6]
>
> ——《旧约·创世纪》

1666年，阳光明媚的某日，牛顿在一间暗室的窗上凿了一个直径约1/3英寸（inch）②的小孔，让阳光通过小孔进入暗室，再经过一块纯净无色的玻璃棱镜片折射，投射到暗室一隅，牛顿观察到阳光扩散为一条彩色的带状图样——如同天上的虹。他又在光路上距棱镜片4—5英尺③（feet）的地方放置了一块半径约3英尺的凸透镜——来自一架3英尺口径望远镜的物镜，使色彩斑斓的光经过透镜折射，汇聚到了10—12英尺远的位置，用一张白纸作光屏，牛顿观察到这些不同颜色的光又混合成原来的白光……按照毕达哥拉斯“七音阶”或“七曜”的传统④，牛顿把自然白光分解出来的色光最初划分为五色光，后来进一步扩展为红、橙、黄、绿、蓝、靛、紫七色光⑤——牛顿，竟然在一

---

① 后来成为英国王室首位“桂冠诗人”（Poet Laureate）的约翰·德莱登（John Dryden，1631—1700）于1667年创作了长诗《奇迹年》（*Annus Mirabilis*），描述了“伦敦大火”（Great Fire of London，1666）和“伦敦鼠疫”（Great Plague of London，1665—1666）。

② 1英寸=2.54厘米。

③ 1英尺=30.48厘米。

④ 七音阶即do、re、mi、fa、sol、la、si，据传毕达哥拉斯及其门人发现：相同张力的情况下，若同种弦的弦长比为12∶9∶8∶6，则12∶6之间音程差为8度（octave），12∶8为完美的4度（prefect 4th），12∶9为完美的5度（prefect 5th），9∶8为全音程（whole tone）。七曜即日、月、水、金、火、木、土七星，毕达哥拉斯学派相信七曜的运行与宇宙的音律相关。

⑤ 即光的色散（dispersion），今天我们可以说每一种色光对应于一个相应的频率或真空波长范围，不同频率或真空波长的光（可见或不可见）相对同一介质有不同的折射率（在空气或真空中的速率与在其他介质中速率之比），经过同一块玻璃三棱镜片时有不同的偏折角，红光的偏折角最小，紫光的偏折角最大。自然界的彩虹（及“佛光”）现象发生时，空气比较湿润，空气中的小水滴起到了玻璃三棱镜的作用。

间小小的暗室里创造了“上帝之虹”！

1670—1672年，身为卢卡斯数学教授的牛顿在剑桥主持了以光现象为主题的讲座。1671年，在致皇家学会（Royal Society）① 的信中作为第一篇正式论文，牛顿公开发表了“关于光与色彩的新理论”（New Theory about Light and Colors）。1704年，牛顿对光现象的研究终于结集成册刊行于世，定名为《光学》（*Opticks*），书名来自希腊语的ὀπτική，原有“视觉”之意，可引申为“可见之光”。

牛顿教授的“光学”消解了“上帝之虹”，无情地击碎了诗人的梦幻。19世纪的浪漫主义诗人约翰·济慈（John Keats，1795—1821）仍然愤愤不平，在长诗《拉弥亚》（*Lamia*，1819）中将之揶揄为“剪断天使翅膀”（clip an angel's wings）的“冰冷哲学”（cold philosophy）。不过，或许正是这类“冰冷哲学“使得”万物都有了光亮” ②。

奇迹年里第二个关键词是“流”（flow）——前苏格拉底时代的哲人赫拉克利特（Heraclitus，公元前535?—前475?）留下的迷思：

万物皆流

在柏拉图的《克拉鲁底篇》（*Cratylus*）中，又被阐发为：

万物皆流，无物常住……你无法两次踏入同一条河流。[7]

在沃尔索普的山村溪流边，牛顿思索着希腊先哲以来的思索——如何刻画这永恒的变化，在运动学中如何刻画非匀速运动的瞬时速率或位移，在几何学中如何处理任意曲线某点切线或围成面积……

开普勒、卡瓦列里（Bonaventura Francesco Cavalieri，1598—1647）、笛卡儿、帕斯卡、费马、沃利斯（John Wallis，1616—1703）……再到

① 1660年在伦敦成立，全称为“伦敦皇家自然知识促进学会”（The Royal Society of London for Improving Natural Knowledge）。

② 1:3 And God said, “Let there be light”, and there was light.——《旧约·创世纪》。

巴罗，前人的每一小步最终汇集为牛顿的一大步。

1664—1665 年，在研读沃利斯的《无穷算术》（*Arithmetica Infinitorum*，1656）以研究传统的面积问题时，年仅 23 岁的牛顿发现并推导了普遍的二项式定理（Generalized Binomial Theorem）：

$$(P+PQ)^{m/n}=P^{m/n}+\frac{m}{n}A\underset{\sim}{Q}+\frac{m-n}{2n}B\underset{\sim}{Q}+\frac{m-2n}{3n}C\underset{\sim}{Q}+\frac{m-3n}{4n}D\underset{\sim}{Q}+\dots$$

其中 $A=P^{m/n}$，$B=\frac{m}{n}P^{m/n}Q$，以此类推，即 A，B，C，D……都是它所在项的前一项。当 m/n 为自然数时，普遍的二项式定理就退化为初等代数中的二项式定理[①]，即

$$(a+b)^r=\sum_{i=0}^{r}C_r^i a^{r-i}b^i\ ,$$

$$\text{e.g.}\quad (a+b)^3=\sum_{i=0}^{3}C_3^i a^{3-i}b^i=a^3+3a^2b+3ab^2+b^3$$

如今，初等代数的二项式定理作为数学常识深入了每一个初中代数课堂，但对于绝大多数被迫诅咒数学的中学生而言，在他们不厌其烦地用二项式定理化简整式乘法时，很难意识到它蕴含的力量建立起了沟通静止与运动、跨越有限与无限的桥梁。

飞鸟之景，未尝动也；镞矢之疾，而有不行不止之时。

——《庄子·外篇·天下》

据亚里士多德《物理学》记载，活跃于公元前 5 世纪的埃利亚学派（Eleatic School）的哲人芝诺（Zeno of Elea，公元前 490?—前 430?）为了宣扬永恒的静止而热衷于阐释运动的虚无——“飞矢悖论”（Arrow Paradox）：

……如果任何事物静止时都占据与自身相等的空间，而它在运动

① 每一项的系数可以利用“贾宪-杨辉三角”或称“帕斯卡三角”（Pascal’s Triangle）确定。

的任何瞬间总是占据着这样的空间，那么飞行中的箭矢是不动的。[8]

——《物理学》(Book Ⅵ Chapter 9)

1665 年 11 月，牛顿终于抓住了那个“动或不动”的“瞬间”，用运动学的语言构造了刻画非匀速运动瞬时速率或任意曲线某点切线的办法——以一个非匀速运动为例：假设一个运动过程，从出发点开始计时，其任意时刻的位移 y 与时刻 x 的立方成正比，不妨设 $y=x^3$，要求运动过程中任意时刻的瞬时速率。按牛顿的方法，先引入一个无限小且最终趋于零的时间 x 的增量“瞬”(moment)，记为 o；在 o 时间内，位移 y 的增量定义为“流量”(flux)，记为 $(x+o)^3-x^3$；定义瞬时速率为“流数”(fluxion)，为“流量”与“瞬”之比，记为 $\dot{y}$，则

$$\dot{y}=\frac{(x+o)^3-x^3}{o}$$

运用牛顿的二项式定理，可以求出 $\dot{y}=3x^2+3xo+o^2$，再令无穷小量 o 趋于零，最终得到 $\dot{y}=3x^2$，即任意时刻的瞬时速率。牛顿把这个方法命名为“流数术”(Method of Fluxions)。1666 年 5 月，牛顿在流数运算的基础上推演其逆运算“反流数术”以刻画非匀速运动的位移或任意曲线围成的面积。当年 10 月，这些成果被隐士牛顿总结成文，但并未公开发表，只在身边的小圈子中流传。

年轻的隐士心满意足，像一个大胜凯旋的老兵一样小心收藏起自己不轻易示人的“战利品”，然后拍拍身上的尘土，从容地奔赴下一个战场。

同室操戈

对立即互补。[9]

——尼尔斯·玻尔纹章的拉丁铭文①(1947)

① 尼尔斯·亨利克·戴维·玻尔（Niels Henrik David Bohr，1885—1962），丹麦物理学家，早期量子论的建立者之一。1913 年，发表了基于定态和跃迁假设的氢原子模型（接下页）

当我们发现一个了不起的人物时，与之对立的“敌人”作为他的镜像，也一定堪称伟大。故事至此，伊萨克·牛顿的形象开始变得模糊起来，因为他剩余的生命已经不可避免地同他“伟大的敌人们”纠缠在一起……

1831—1832年，哥廷根大学（Georg-August-Universität Göttingen）数学教授兼哥廷根天文台台长卡尔·弗里德里希·高斯（Carl Friedrich Gauss，1777—1855）先后收到了老朋友、匈牙利数学家法卡斯·波约（Farkas Bolyai，1775—1856）的两封信及随信附上的研究手稿。这些手稿来自老波约的儿子，青年学者雅诺什·波约（János Bolyai，1802—1860），后来成了数学史上里程碑式的著作之一《空间绝对性的科学：独立于不可判决为先验的欧几里得公理XI①》（*The Science Absolute of Space : Independent of the Truth or Falsity of Euclid's Axiom XI, Which Can Never Be Decided a Priori*）。老波约希望高斯审阅一下儿子所建立的不同于欧几里得传统的“新几何”。然而，在回信中，高斯却表示了遗憾，因为从1799年到1813年，高斯已经打开了通向“新几何”的大门。

面对“发现新大陆”——非欧几何（Non-Euclidean Geometry）的诱惑与后生小辈捷足先登的尴尬，一生都在“丈量世界”（Die Vermessung der Welt）②的“数学王子”高斯，反应还算“节制”——他后来有保留地支持了尼古拉·伊万洛维奇·罗巴切夫斯基（Никола́й

（接上页）（玻尔模型）；1921年，创立了哥本哈根大学理论物理研究所（后来改名为尼尔斯·玻尔研究所），促进了“哥本哈根学派”的形成；1922年，因在原子结构和辐射领域的贡献，获得当年的诺贝尔物理学奖。1947年，丹麦王室授予了玻尔最高等级的“大象骑士勋位”（Elefantordenen），他为自己的骑士纹章设计了太极图的样式并选定了拉丁铭文 Contraria Sunt Complementa。

① 即欧几里得《原本》中的“第五公设”（按照亚里士多德对“公设”和“公理”的区分，前者是针对某一具体领域研究对象的约定，而后者可以作为普遍的思维规则），欧氏几何的平行线公设。

② 《丈量世界》是德国作家丹尼尔·凯曼（Daniel Kehlmann）于2005年出版的小说，高斯是主人公之一。

Ива́нович Лобаче́вский，1792—1856）和乔治·弗里德里希·伯恩哈德·黎曼（Georg Friedrich Bernhard Riemann，1826—1866）。

然而150年前，类似的故事却有着不一样的结局。

1684年的这个秋天，剑桥师生几乎都察觉到了卢卡斯数学教授办公室里散发出来的异样气氛。因长年卓有成效的光学研究，特别是发明反射式望远镜（1668）和光的色彩新理论，牛顿已于1672年当选为英国皇家学会会员（Fellow of the Royal Society，FRS），却依旧没有改变他离群索居的隐士做派。激起这位剑桥隐士心底波澜的是书桌上的一本德国杂志——10月版的《学者纪闻》（*Acta Eruditorum*），更准确地说，是其中的一篇文章——《求极大值、极小值和求切线，不受分数或无理数限制的奇妙计算的新方法》（*Nova methodus pro maximis et minimis, itemque tangentibus, quae nec fractas nec irrationales quantitates moratur, et singulare pro illis calculi genus*）。

这篇论文来自德意志汉诺威的布伦瑞克公爵（Duke Brunswick, Hanover）的法律顾问、家族史官兼图书馆馆长，哥特弗里德·威廉·莱布尼兹（Gottfried Wilhelm Leibniz，1646—1716）①。

据不完全统计，他的头衔有哲学家、神学家、数学家、逻辑学家、物理学家、化学家、气象学家、地质学家、生命科学家（解剖学、动物学、植物学）、历史学家、法学家、语言学家、外交家、政治活动家……这是按学科大类的罗列，而在当时很多分支学科尚未统一。如果考虑到后世兴起的学问，还有心理学家、计算机科学家、信息学家、符号学家、比较文化学家……说他是近代世界人类知识的一个节点，显然并不过分，而上一个是古典世界的亚里士多德，下一个永远不会到来②。

---

① 莱布尼兹自称祖上是男爵，所以也有Gottfried Wilhelm von Leibniz的署名方式。

② 即使“局域的知识节点”，像笛卡儿、帕斯卡，抑或是后世的米哈伊尔·瓦西里耶维奇·罗蒙诺索夫（Михаи́л Васи́льевич Ломоно́сов，1711—1765）、托马斯·杨（Thomas Young，1773—1829）、儒略·昂利·庞加莱（Jules Henri Poincaré，1854—1912）、伯特兰·罗素（Bertrand Arthur William Russell，1872—1970）……这类的人物，亦难再现。

不列颠隐士的不悦来自德意志学者的冒犯，冒犯 20 年前“老兵”悄悄藏下的“战利品”。

莱布尼兹在 1684 年的这篇文章中概括了自己从 1673 年以来在几何与数列领域的工作，提出了一个确定曲线某点切线的“新思想”，他使用的拉丁文词汇为属格形式的 calculi，主格形式为 calculus，原意为“计数用的小石子”。1686 年，他又将求切线的逆问题——确定任意曲线围成面积的方法整理发表，即《关于高深的几何学与不可分量及无限的分析》（*De Geometria recondita et analysi indivisibilium atque infinitorum*）。他迫不及待地要向世人展示这锐利的新工具，却不知道那个远在英伦的隐士，那个唯一理解自己工作全部意义的“知音”，将要走向前台——17 世纪末叶，不列颠的“欧几里得”与德意志的“亚里士多德”，这两位“同门兄弟”，两个互为镜像的生命将走向宿命的战场……

作为亚里士多德的衣钵传人，精力旺盛的莱布尼兹继承了“老师”震古烁今的博学，也继承了“老师”那个令无数庸碌者胆寒的“野心”。

智慧的浪花，要助产术来孕育；

宇宙的涡旋，需几何来捕捉。

真理之海，知识的蚌珠，是逻辑去串联。

莱布尼兹匆匆走过苏格拉底、柏拉图、亚里士多德忙碌的“手工作坊”，他要批量地生产知识，他迫切地渴望效率，他需要用自己的方式重新定义笛卡儿的“普遍数学”，建立“普遍文字”（characteristica universalis）。

1666 年，牛顿的“奇迹年”，20 岁的莱布尼兹在论文《论组合术》（*Dissertatio de arte combinatoria*，1690）中初步构建“普遍的符号演算”，他将自己宏大到足以令“野心勃勃”的亚里士多德都感到震惊的目标定位在思维的符号化，将思维推理——人类心灵创造力的体现的过程转化为纯粹的代数演算，后世它将被演绎为“符号逻辑”或“数理逻辑”（symbolic logic or mathematical logic）。1679年，莱布尼兹撰写了《对只使用1和0两种符号的二进制算术的阐释以及对其作用和古中国伏羲图的评论》（*Explication de L'Arithmétique binaire, avec des remarques sur son utilité, et sur ce qu' elle donne le sens des annciennes figures chinoises de Fohy*，1703）①，向思维符号化的目标更进了一步。而calculus，也许只是他通向自己“野心”的一个中途驿站……

两个在黑暗中并肩行走的人，彼此不知道对方的存在，朝着相同的方向“踽踽独行”，直到一丝亮光彻底破坏了宁静与和平。

1687年，隐士牛顿正式登场了。在他的一部旷世巨著中，用几何学的语言首次公开了珍藏多年的“流数术”与“反流数术”。在前言中，牛顿对莱布尼兹的成果作了有节制的评论，并对二人之前的“交流”作了暗示。1704年，牛顿在《光学》的附录中发表了1691年完成的《曲线求积术》（*Tractatus de Quadratura Curvarum*），公布了最成熟的流数记法，即用$\dot{x}$表示变量x的一阶流数，用$\ddot{x}$表示二阶流数。1711年，牛顿又公开发表了1669年完成的《关于无穷多项等式的分析》（*De analysi per aequationes numero terminorum Infinitas*）。牛顿最后一部发表的“流数术”作品是1671年完成的《流数术与无穷级数》（*Methodus Fluxionum et Serierum Infinitarum*），1736年出版时牛顿已经去世。

一场无法避免的“战争”终于在世纪之交爆发，无处不在的好事者煽动了“新方法”的优先权之争（Prioritätsstreit）。牛顿陆续亮出的“珍藏”，给予了“敌人”足够的重视，也带给了“敌人”空前的压力。1711年，背负“剽窃者”嫌疑的莱布尼兹，作为英国皇家学会的会员，不得不把要求公正裁决的信函寄到了伦敦——早在1703年，牛顿当选英国皇家学会主席，这一次他隐身于幕后。

事已至此，无奈何也……

1716年11月14日，被胆结石带来的剧痛折磨了一周后，孤独

---

① 莱布尼兹并非从“伏羲图”中得出二进制体系，而是用二进制体系阐释了“伏羲图”。

的莱布尼兹获得了最后的解脱。这个新教路德宗（Lutheranism）家庭的孩子终生没有把自己托付给传统的信仰，他落寞地与冰冷的世界作别，告别这个自己在《神正论》（*Théodicée*）和《单子论》（*La Monadologie*）[①]中论证过的“诸世界中最好的一个”（le meilleur des mondes possibles）。隔着时间织成的薄纱，我们隐约可以看见床前散落着两份文献：英国皇家学会确认牛顿优先权的报告（1713）[②]与莱布尼兹为自己辩护而起草的《微分计算的历史与起源》（*Historia et origo calculi differentialis*）。

远在伦敦的牛顿沉默了，就像他第一次以卢卡斯数学教授的身份站在剑桥大学的讲台上一样。他在沉默中享受，享受向挑衅者复仇的快感。然而，“战争”并没有因此终止，牛顿、莱布尼兹各自的追随者前仆后继投入战场，英国的布鲁克·泰勒（Brook Taylor，1685—1731）、柯林·麦克劳林（Colin Maclaurin，1698—1746），瑞士伯努利家族（Bernoulli family）的雅各布 Jacob Bernoulli，1654—1705）、约翰（Johann Bernoulli，1667—1748）……英国绅士们为牛顿的胜利欢欣鼓舞，他们在欧陆学者的怒视中积累了高傲的资本。剩下的一百年，他们将在这种高傲中亲眼看着牛顿缔造的理性中心一点一点地向英吉利海峡的彼端偏移——今天，在这个用莱布尼兹的 calculus（微积分）命名的数学分支中，随手翻开一本教科书，满篇都是莱布尼兹留下的符号[③]：微分符号 d，来自拉丁文词汇 differentia 的首字母 d，源自数列各项求差；积分符号∫，来自拉丁文词汇 summa 的首字母 s 变形拉长，源自数列各项求和。

---

① 《神正论》发表于 1710 年，全名为 *Essais de Théodicée sur la bonté de Dieu, la liberté de l'homme et l'origine du mal*（《关于上帝的至善、人的自由和恶的起源的神正论文论集》）。《单子论》完成于 1714 年，题目为后人所加。

② Commercium Epistolicum Collinii & Aliorum, De Analysi Promota，几乎没有人怀疑这份报告是由牛顿主导甚至亲自匿名起草的。

③ 这些符号最早见于莱布尼兹 1675 年的手稿中。

他们两人之间有点争论，是因为争论谁是微积分的发现者。这个争论是不幸的，也没有什么意义。实质上是莱布尼兹头一个发表关于微积分论文的人，他的论文在1684年发表。牛顿做这个工作早于莱布尼兹，而莱布尼兹发表论文早于牛顿，牛顿有了这个工作后没有发表什么任何的东西。而莱布尼兹不但发表了这些东西，同时还引用了一些符号，也许我们现在还在用。那么后来两个人有一个争论，大概都是跟数学没有关系的人在那里造成的情况，这不是一个什么有意思的事情。

——陈省身《微积分讲义·第一讲》

多少年后，科学史家郑重其事地写下了一系列结论：牛顿与莱布尼兹各自独立地建立并发展了近代数学分析；“流数术”事实上就是微分学，“反流数术”其实就是积分学；牛顿的发明早于莱布尼兹，但莱布尼兹的成果先于牛顿公开发表……

幽灵

大约公元前5世纪，毕达哥拉斯的门人希帕索斯（Hippasus）在利用毕达哥拉斯定理研究单位正方形（即边长为单位1的正方形）时，发现其对角线具有不可公度（incommensurability）的性质，即无法用两个自然数的比值来表示。不可公度线段（数）的发现在学派内部引起了一场轩然大波，它像一个挥之不去的“幽灵”游荡在“教主”毕达哥拉斯亲手划定的自然数疆域。希帕索斯的同门迅速集结到了捍卫师尊的旗帜下，他们谴责希帕索斯的大逆不道，羞辱他，囚禁他，最后把他投进了波涛汹涌的大海……

那个致希帕索斯死命的数现在被表示为$\sqrt{2}$。它是人类发现的第一个“无理数”（irrational number），即“不可比之数”。也就是这个“幽灵”，令毕达哥拉斯学派陷入疯狂，进而引发了“第一次数学危机”

(The first Crisis of Mathematics)。

两千多年后，第二个令人不安的“幽灵”出现了……

1734 年，一部署名“渺小的哲学家”(minute philosopher) 的作品正式出版，它有令人印象深刻的冗长题目:《分析学家；或一篇致一位不信神数学家的论文，其中审查一下近代分析学的对象、原则及论断是不是比宗教的神秘、信仰的要点有更清晰的表达，或更明显的推理》(*The Analyst; OR, A DISCOURSE Addressed to an Infidel MATHEMAICIAN. WHEREIN It is examined whether the Object, Principles, and Inferences of the modern Analysis are more distinctly conceived, or more evidently deduced, than Religious Mysteries and Points of Faith*)。这部书一时间成了英伦上流社交圈的文化热点，因为再不学无术的贵族都能从题目看出作者的意图——对一位逝者的攻击，“分析学家”或“数学家”及“近代分析学”就是这位逝者与追随者及他们的“流数术”，而所谓“不信神”云云在当时则是野蛮人与卑贱者的标签。

这部书的作者是乔治·贝克莱 (George Berkeley，1685—1753)，他当时的身份是爱尔兰基尔肯尼教区主教 (Bishop of Cloyne)。但在这部书里，他的首要角色是一位严肃的数学家，科学巨人牛顿最可怕的“敌人”！

存在即被感知[①]。

——乔治·贝克莱 《论人类知识原理》(Part 1.3)

已在天堂安享永恒、宁静的牛顿不幸收到了贝克莱主教直击命门的挑衅：

① 在《论人类知识原理》(*A Treatise Concerning the Principles of Human Knowledge*，1710) 中，原句为英文和拉丁文混合的 Esse is percipi。

这些流数是什么？是转瞬即逝增量的速率？那么这些转瞬即逝的增量又是什么？它们既非有限量，亦非无穷小量，更非虚无的零。我们难道不能称它们为已死量的幽灵吗？[10]

这一次，作为逝者，牛顿不得不沉默，但不是在沉默中享受。他似乎也想说些什么，却欲言又止，留下了无可奈何的苦笑。他明白：贝克莱主教亮出了那个“已死量的幽灵”后，上帝就不会再眷顾自己了。奥古斯丁-路易·柯西（Augustin-Louis Cauchy，1789—1857）、卡尔·特奥多·威廉·魏尔斯特拉斯（Karl Theodor Wilhelm Weierstraß，1815—1897）……那些优秀的数学头脑将被卷入“第二次数学危机”（The Second Crisis of Mathematics），他们为分析学基础严格化的奋斗要持续到20世纪。

达·芬奇密码

在伦敦A. Pope① 葬下的骑士，触怒天庭的是他的劳动果实。你们寻找的圆球应该在他坟头，它有玫瑰般的肌肤和受孕的子宫。[11]

——丹·布朗《达·芬奇密码》

在作家丹·布朗（Dan Brown）笔下，“达·芬奇密码”（The Da Vinci Code）纠缠着宗教符号学教授罗伯特·兰登（Robert Landon）。从巴黎到伦敦，在危机四伏的惊险旅程中，他执着地思索谜底——触怒天庭的果实、骑士坟头的圆球，一个承载智慧的果实，一个催生真理的圆球……

苹果！

① 在《达·芬奇密码》中，主人公兰登最初把A.Pope误解为是“一位教宗”，而它实际上代表的是为牛顿撰写诗篇的英国诗人亚历山大·蒲柏（Alexander Pope，1688—1744）。

三位女神的争夺。

是史诗里的不祥，

嫉妒的种子，

特洛伊之祸！

苹果！

在沃尔索普村坠落。

是第一把钥匙，

去理解宇宙，

上帝的伟大杰作！

作为牛顿一生又一个关键词，学者生涯的巅峰象征——苹果，就像比萨斜塔坠落的两个铁球，进入了后人不厌其烦构造的传奇故事中。

2009年11月，英国皇家学会公布了牛顿好友及其传记作者威廉·斯蒂克利（William Stukeley，1687—1765）在1752年撰写的手稿：

餐后，天气转暖，我们来到花园，在几株苹果树的树荫下喝茶；只有他和我。在闲聊中，他告诉我：当年，正是在这同样的情境下，引力的观念在他心中浮现。当他坐在树荫下沉思时，一个苹果的坠落引发了他的思考，为什么苹果总是径直落到地上……[12]

苹果，或许是牛顿为自己构造的传奇！

1684年8月，英国皇家学会会员、牛津大学（Oxford University）教授埃德蒙·哈雷（Edmund Halley，1656—1742）造访了剑桥大学，造访了那个传说中性情古怪的隐士教授——伊萨克·牛顿。这是一次具有历史意义的会面，哈雷先生带来的话题是一个困扰了天文学家半个多世纪的疑难，牛顿教授以极其难得的耐心安静地聆听客人滔滔不绝的讲述。

自从开普勒以三定律的形式给出天体运行的几何图像后，追溯行星椭圆轨道背后隐藏的动力机制就成为数学、天文学或物理学研究的一个焦点。亚里士多德和伽利略各自在《物理学》和《关于两门新科学的谈话》中阐发了物体不受外部作用时遵循本性的无限运动[①]，笛卡儿在《哲学原理》中将这种遵循本性的无限运动明确描述为匀速直线运动，即惯性运动（inertia motion）。到17世纪下半叶，自然哲学家普遍接受了这一观点，故而对他们来说，椭圆轨道上的行星，偏离了固有的匀速直线运动，肯定是受到某种外部作用的结果。这种外部作用应该来自太阳的吸引——这才是“日心说”的真正含义，就像开普勒在阐述行星运动定律时假设的“车轮辐条”。其中一些自然哲学家敏锐地意识到，行星受太阳吸引的作用应该与二者之间的距离平方成反比，这种关系在数学上被称为“平方反比律”（law of inverse square），在空间各向同性的前提下，它普遍地存在于各种辐射现象中，比如光。

按照古希腊人的传统，似乎触手可及的结论需要完满的数学证明——许多人止步于通向真理的大门前，哈雷便是其中之一。他热情洋溢地介绍着自己的工作，说到激动处甚至用双手在空中不断地比划，与在一旁沉默的牛顿比较起来竟有些滑稽。哈雷难以自抑的激动是可以被理解的，他与同时代一些学者，主要是在圆形轨道的条件下相继从开普勒行星运动定律出发推导出了服从平方反比律的有心力（central force），但封顶的一步却成了迟迟不能跨越的鸿沟——他们迫切需要最后一个证明：从服从平方反比律的有心力推导出开普勒行星运动定律，尤其是椭圆轨道。

这就是哈雷前来造访牛顿的毫不掩饰的动机，他把赌注压向了这个在热闹喧嚣之外的世外高人。

我已经证明了……

牛顿漫不经心的一句话终止了哈雷全部冗余的铺垫。这个在内心深处期待了无数次的回应却让哈雷彻底失语，他猛然用双手扶住眼前

---

① 亚里士多德和伽利略都受到柏拉图匀速圆周运动观念不同程度的影响。

的桌子以支撑颤抖的身体，两眼直勾勾地盯着面无表情的牛顿——这个突然降临的天使！

后面的情节有些匪夷所思：牛顿告诉哈雷，计算的手稿已经遗失。但沉浸在强烈崇拜情感之中的哈雷顾不得多想，他以一种近乎乞求的姿态恳请牛顿重复他的证明。牛顿同意了，随手抽出一张稿纸开始了演算……

一个月后，牛顿交给哈雷一份初稿，《关于物体在轨道上的运动》（*De motu corporum in gyrum*）。他并没有察觉到又一场没完没了的斗争已经悄悄袭来。

鸟与蛙

一些数学家是鸟，另一些是蛙。鸟翱翔于高空，俯瞰数学那延伸至遥远地平线的广袤远景。他们偏爱那些统一我们思想的概念，将不同领域的各种问题整合起来。青蛙匍匐于泥沼，只看到长于四周的花朵。他们钟情特别对象的细节，一次只解决一个问题。[13]

——弗里曼·戴森① 《鸟与蛙》

又是你！

这一次，牛顿的“敌人”是老朋友，罗伯特·胡克（Robert Hooke，1635—1703）。这个曾经卑微的实验员，现在已经是英国皇家学会的实验主管（curator of experiments）、享誉英伦的大学者。他拥有实验派广泛的爱好，兴趣遍及物理学、化学、地质学、生物学、天文学、机械学、建筑学等。即使与莱布尼兹比起来，他也达到了一种技术层面但不失睿智的博学。

① 弗里曼·戴森（Freeman Dyson，1923—　），英国裔美国数学家、理论物理学家，普林斯顿高等研究院荣休教授，量子电动力学的创立者之一。

胡克与牛顿的第一次交锋是在光学领域。自1671年“关于光与色彩的新理论”起，牛顿开始构造了关于光本性的“微粒哲学”（corpuscular philosophy），这种观念与笛卡儿的《方法论》中的观点类似，把光“解析”为均匀介质中做匀速直线运动的微粒。牛顿的解释旋即遭到胡克的批评，胡克认为，光是在介质中传递振动的波。

前辈的批评引起初出茅庐牛顿的不悦，就像“地心说”与“日心说”的公正判决要留诸后世一样，关于光本性的争论还要持续两个多世纪①……

1676年2月，身材矮小的胡克教授收到了一封回信，牛顿在这封信里留下了他的“千古名句”：

> 笛卡儿迈出了漂亮的一步。你也在许多方面有所进展，尤其是将薄盘颜色问题纳入哲学思考。如果说我看得更远，那是因为我站在巨人的肩膀上。[14]

在这格言般的豪言壮语中，一行小字，若隐若现：胡克，你这个矮子！

十余年后，两位学者再次狭路相逢。1679—1680年，牛顿与胡克二人就引力问题已经进行了短暂的学术通信，二人相互启发共同驱驰在逼近真理的道路上。但在终点隐隐可见的时候，巧手胜于精思的胡克渐渐力不从心了。只有一个勇士有资格进入贮藏宇宙奥秘的圣殿，上帝选择了牛顿，因为他献上了独一无二的祭品——“流数术”！

---

① 在后来的两个多世纪里，关于光的本性，我们的认识大致经历了一个反复的过程，从“微粒”到“波”，又从“波”回到了“微粒”与“波”的重叠——如同牛顿在《光学》（1704）里隐约察觉到的那样。

不列颠教宗

1687 年 7 月 5 日，在哈雷的催促与资助下，牛顿出版了奠定自己在整个人类文明史地位的巨著——《自然哲学之数学原理》(*Philosophiæ Naturalis Principia Mathematica*)，之后人们提到的《原理》(*Principia*)，多半就是指这部著作。

不世出的牛顿用这部书向远方的导师——欧几里得致敬。早年在自己阅读过的《原本》上留下评语 trivial（琐碎）的牛顿，如今固执地沿袭《原本》体例，从定义到公理，从定理到推论，一步一步完成开普勒三定律的证明，通向宇宙的终极法则——万有引力定律（Law of Universal Gravitation）：

命题 LXXVI 定理 XXXVI

推论 3　引起运动或球的质量之间的吸引作用，在两球中心距离不变时与吸引和被吸引者结合起来成正比，即与两球质量相乘的乘积成正比。

推论 4　而在距离变化时，与那些乘积成正比且与中心距离的平方成反比。[15]

它被安排在论证的终点，作为整个体系的个别数学结论展现在世人面前。牛顿深以这样的安排而得意，他在《原理》中第一次公开了几何语言包装的“流数术”与“反流数术”，极尽所能展示那令凡夫俗子眼花缭乱的数学技巧——不自量力的挑战者畏而却步，连那些对数学和物理一窍不通的人都不得不惊叹：牛顿只用了一些定义和公理，就推演了上帝创造的整个宇宙……

界说一：凡质之几何，为疏密与大小相乘数。

界说二：凡动之几何，为速与质相乘数。

界说三：质阻力，乃质之本力能阻外力，故质体或静止或直行，设无外力加之，永不变也。

……

公论一：凡体或静或以平速行直线，若非外力加之，则永不变。

公论二：凡动之变与所加之力有比例，亦准加力之方向。

公论三：凡用力必有相等之反力，即二体相与，用力恒相等，其方向相反也。

——奈端 《数理格致》（伟烈亚力、李善兰译）[①]

在之后的一百多年里，无论看懂与否，无数人传阅，无数人狂欢，无数人顶礼膜拜。理性与秩序的力量推动新的一轮狂热，文明的进程在所有人自觉或不自觉的亢奋中开始加速。

上帝需要新的代言人，书写新世界律法的“先知”在众望所归中晋位“教宗”[②]——谁也没想到，第一个“朝拜者”竟是罗伯特·胡克。他双手捧着《原理》，按一个失败者理解的“合理性”向作为真理书写者的先知提出了最后的请求——他希望在理性的“圣经”中有一个应该属于自己的位置[③]。

先知沉默了，他从怀里掏出了一个苹果，一个据说是 1666 年某一天从沃尔索普村某棵苹果树上坠落的苹果……

你不配！

胡克吃惊地瞪着苹果，堕入了绝望的深渊，作为一个自然哲学家，与伊萨克·牛顿共处一个时代就是全部悲剧之源！

---

① 19 世纪 60 年代左右，算学家、翻译家李善兰（1811—1882）与英国传教士伟烈亚力（Alexander Wylie，1815—1887）、傅兰雅（John Fryer，1839—1928）合作翻译了牛顿《原理》的一部分（Book I），定名为《数理格致》，亦称《奈端数理》，“奈端”是 Newton 的早期音译。遗憾的是，此书未能刊行。

② 牛顿的工作启发、复兴和推动了哲学或宗教史上不依赖于“天启”等神秘主义体验的另一类信仰模式——“泛神论”（panthesim）、“理神论”（deism）或“自然神学”（physicotheology）。

③ 1686 年，牛顿将完成的《原理》送交皇家学会审阅，胡克要求牛顿注明自己的贡献，遭到拒绝。虽有哈雷居中调停，两人仍陷入长期争论。

1703年3月3日，罗伯特·胡克带着他的绝望离开了这个世界，同一年，伊萨克·牛顿当选英国皇家学会主席。数年后，胡克留给英国皇家学会的诸多仪器、资料包括他本人的肖像不知所踪……

麦琪的礼物

来自东方的贤者进了房子，看见婴孩和他的母亲玛利亚，就俯伏拜那婴孩，他们揭开宝盒，拿黄金、乳香、没药作为礼物献给他。[16]

——《新约·马太福音》

1667年，从沃尔索普村返回剑桥的牛顿当选三一学院研究员（Fellow of Trinity）。按惯例，英国国教圣公会（Anglican Church）将授予他神职，却遭到牛顿委婉的抗拒。最终牛顿在1669年接任卢卡斯数学教授时获得了英王查理二世（Charles II，1630—1685）的许可，免除了神职工作。这位三一学院的学术新秀对“三位一体”的正统教义有自己的不同看法，他要按照自己的方式用自然哲学去侍奉上帝。

1689—1690年，1701—1702年，牛顿两度当选国会议员。在议员们唇枪舌剑的喧闹声中，牛顿依旧沉浸在自己的世界里，除了因天气寒冷要求关窗外，这位剑桥大学的代表没有留下任何发言记录。

1696年，从抑郁症中解脱出来的牛顿离开了剑桥大学，移居伦敦，出任皇家造币厂总监（Warden of the Royal Mint），三年后接任厂长（master）①，直至去世。皇家造币厂的职业生涯是牛顿人生另一面的辉煌，他在任期间主导了货币改革，推动了金本位制（gold standard）的建立。为了表彰牛顿的功绩并进一步推动改革，1705年，安妮女王（Queen Anne，1665—1714）册封牛顿为骑士——在皇家造币厂厂长和皇家学会主席之后，牛顿获得了一个荣耀的新头衔：伊萨克·牛顿爵

① 1701年，牛顿正式向剑桥大学辞去了卢卡斯数学教授等职务。

士（Sir Isaac Newton）。

忙于公务的牛顿还有一次惨败的投资经历，这位可以计算天体轨道却无法计算人心疯狂的数学家大约损失了 20 000 英镑，但他并没迷失于凡夫俗子追逐的世俗金币，他的渴望是东方贤者的供奉——“麦琪的礼物”（Magi gifts），象征基督荣耀的“黄金”。

与第谷、开普勒、笛卡儿甚至布鲁诺一样，这是一位在后世理性主义光芒下隐藏了很久的陌生人，一位中世纪风格的神秘主义者——以撒·列乌图鲁斯（Isaacus Neuutonus），伊萨克·牛顿的拉丁名。他把拉丁名的字母重新组合，得到 Jeova Sanctus Unus（神圣唯一的耶和华）[①]，有如天启，成为他一生背负的宿命——《原理》中的数学只能描述宇宙的运转，要探寻宇宙古老而隐秘的开端，需要更古老而隐秘的方法。

1691 年 12 月 31 日，英国皇家学会的创始人之一、牛顿在剑桥大学的同事罗伯特·威廉·玻义耳（Robert William Boyle，1627—1691）去世。这位后人眼中的“近代化学之父”留下了数量可观的神秘学资料，这些东西很快就被牛顿通过各种各样的办法收入囊中。

炼金术（alchemy）[②]，上古贤者流传下来的秘术，或许蕴含着上帝创造宇宙的全部秘密。

牛顿疯狂地查阅上古的典籍，依靠“微粒哲学”，搜寻“星锑”（star regulus of antimony）和“哲人石”（philosopher's stone）的踪迹。他在沸腾的坩埚前度过了无数个日日夜夜，他甚至迷恋上了水银[③]的味道。支撑他的是一种像被鸦片引诱的欲望，在“点石成金”的瞬间还原“太初有道”的景象。他释放了反三位一体的异教狂热，重新拾起

① 在拉丁铭文中，字母 U 和 V 可以相互替换，而早期的拉丁文中没有字母 J，为了音译希伯来语等来外语词汇便把字母 I 拉长成为 J。所以后来意大利语字母 J 的读音是 i-lunga，即“长 i”。

② Alchemy 来自阿拉伯语 al-kīmiyā'，与 chemistry（化学）同源。寻找“哲人石”的炼金术士发明的工具中有许多成为后来的化学仪器。

③ 牛顿相信某种具有活性的汞（reactive mercury）是找到“哲人石”的关键。

数学武器不知疲倦地考据传说的年代，推演“圣经密码”，计算“最终审判”（doomsday）的日期……

然而，不是每一个生日是圣诞节的人都会成为救世主！

炼金术士牛顿依然离群索居、孤僻怪异，他始终等不到东方贤者的礼物，他痛苦、扭曲、挣扎，他在自己铺天盖地的炼金术与“圣经密码”手稿[①]中陷入了彻底的绝望！

牛顿纪元三百多年后，新的炼金术士已经集结在法国与瑞士交界的日内瓦，整个世界砸下了数以亿万计的资金，物理学“军备竞赛时代”的巅峰之作、一个更大的“坩埚”——万众瞩目的大型强子对撞机（Large Hadron Collider, LHC）开始启动。头戴安全帽的物理学家表示，他们已经做好准备，聆听上帝隐藏的最后秘密……

加冕礼

天不生仲尼，万古长如夜。

——《朱子语类·卷九十三》

儒略历，公元1726年3月20日；格里历，公元1727年3月31日，理性帝国的太阳步入了生命的黄昏。孤僻的科学家、绝望的炼金术士，伊萨克·牛顿爵士在伦敦逝世，享年84岁。

不列颠为他们的先知、圣人、教宗举行了规模盛大的国葬，在此之前这是天潢贵胄才配享有的礼遇。王公大臣、文人雅士、贩夫走卒纷纷涌上伦敦街头，他们要亲眼目睹出殡的盛况。两位公爵、三位伯爵和一位大法官恭顺地抬起牛顿爵士的棺椁。漫长的送葬之路上，世俗的权位在思想之灵前虔诚地匍匐。

① 这些手稿一部分后来被英国政治经济学家约翰·梅纳德·凯恩斯（John Maynard Keynes，1883—1946）收藏。

威斯敏斯特教堂（Westminster Abbey），伟大灵魂的安息之地，树立起了一座不朽的纪念碑，留下了激动人心的墓志铭：

伊萨克·牛顿爵士安息于此，他以近乎神圣的心灵力量和自己独特的数学原理，探索行星的运动与形状、彗星的轨道、大海的潮汐、光线的异同，以及前人不曾描摹的，由此产生的色彩的性质。他怀着勤勉、敏锐和虔诚阐释自然、古典和《圣经》。他用自己的哲学证明上帝的庄严，浩瀚而美好，他以自己的举止展现福音的纯朴。让我等欢呼，曾经存在过一位如此伟大的人类之光。他生于公元 1642 年 12 月 25 日，卒于公元 1726 年 3 月 20 日。[17]

诗人亚历山大·蒲柏（Alexander Pope，1688—1744）为他献上了《创世纪》般的诗篇：

自然与自然律藏身于暗夜：
上帝说，让牛顿去吧！
——万物都有了光亮。[18]

来自五湖四海的追随者热泪盈眶，他们为智慧的凋零而惋惜，更为与这个伟大灵魂同处一个伟大时代而感到无上光荣。他们在心里一遍又一遍默诵圣贤的垂训：

我不知道在世人眼里，我是什么样的人；但在我自己看来，我不过是在海边玩耍的小孩，为偶尔拾起沙滩上美丽的珍贝而沾沾自喜，而对不远处浩瀚无边的真理海洋，却全然没有发现。[19]

牛顿身后，伴随大英帝国崛起的是一个超越了亚历山大、罗马、拜占庭的“理性帝国”……

近代之门

敢于成为智者——有勇气让知识为自己服务！[20]

——伊曼努尔·康德《答复这个问题：何谓启蒙？》

在成千上万的送葬队伍中，有一位法国流亡者——弗朗索瓦-玛丽·阿鲁埃特（François-Marie Arouet），他有一个我们十分熟悉的笔名：伏尔泰（Voltaire，1694—1778）。

在灵魂深处的震颤中，伏尔泰激动地写道：

不久前，在一次文雅且富于学术性的聚会上争论起一个老生常谈的问题，谁是最伟大的人物，是恺撒、亚历山大、帖木儿或者克伦威尔之类。有人回答：毫无疑问是伊萨克·牛顿。这位绅士的主张非常正确……值得我们推崇的是以真理的力量统帅世界其余心灵的人，而不是那些奴役同胞的人；是和宇宙同游的人，而不是那些歪曲宇宙的人。[21]

——《哲学通信》（Letter Ⅻ）

伏尔泰徘徊在精致的棺椁前，久久不愿离去。他下定决心要将这位逝者塑造成光芒万丈的真理之王、理性斗士。他要让他的法兰西沐浴《原理》的阳光①，他要在“事出必有因”（Everything happens for a reason!）的力学中酝酿摧枯拉朽、席卷欧陆的启蒙（Enlightenment）②

① 《牛顿哲学基础》（*Éléments de la philosophie de Newton*）的卷首插画中，伏尔泰的“缪斯”——夏特莱侯爵夫人（Marquise du Châtelet，1706—1749）将云端牛顿的真理之光反射给伏案写作的伏尔泰。夏特莱侯爵夫人是《原理》法文版的翻译者和评注者，她对莱布尼兹“活力”（vis viva）概念的阐发推动了牛顿力学乃至经典力学的发展。“活力”是莱布尼兹为力学系统引入的一个守恒量，可定义为mv^2。这个概念至19世纪逐步发展为“动能”，即$\frac{1}{2}mv^2$。

② Enlightenment 源自 enlighten 或 inlighten，本为“光照”之意。

风暴，他要高扬理性的旗帜审判暴君，他要用牛顿的圣像砸开通往近代世界的大门！

注　释

[1] 此段话的原文为：L'homme n'est qu'un roseau, le plus faible de la nature; mais c'est un roseau pensant. Il ne faut pas que l'univers entier s'arme pour l'écraser: une vapeur, une goutte d'eau suffit pour le tuer. Mais quand l'univers l'écraserait, l'homme serait encore plus noble que ce qui le tue, parce qu'il sait qu'il meurt, et l'avantage que l'univers a sur lui, l'univers n'en sait rien. Ainsi toute notre dignité consiste dans la pensée…

[2] 此句的原文为：Quod vitae sectabor iter?

[3] 此句的原文为：REGULA Ⅳ: Necessaria est methodus ad rerum veritatem investigandam.

[4] 此段话的原文为：2:1 Now when Jesus was born in Bethlehem of Judaea in the days of Herod the king, behold, there came wise men from the east to Jerusalem.

2:2 Saying, Where is he that is born King of the Jews? for we have seen his star in the east, and are come to worship him.

2:9 When they had heard the king, they departed; and, lo, the star, which they saw in the east, went before them, till it came and stood over where the young child was.

[5] 此段话的原文为：…devant cette nuit chargée de signes et d'étoiles, je m'ouvrais pour la première fois à la tendre indifférence du monde. De l'éprouver si pareil à moi, si fraternel enfin…

[6] 此段话的原文为：9:13 I do set my bow in the cloud, and it shall be for a token of a covenant between me and the earth.

[7] 此段话的原文为：πάντα χωρεῖ καὶ οὐδὲν μένει…δὶς ἐς τὸν αὐτὸν ποταμὸν οὐκ ἂν ἐμβαίης.

[8] 此段话的英译为：…If everything when it occupies an equal space is at rest, and if that which is in locomotion is always occupying such a space at any moment, the flying arrow is therefore motionless.

[9] 此句的原文为：Contraria Sunt Complementa.

[10] 此段话的原文为：And what are these Fluxions? The Velocities of evanescent

Increments? And what are these same evanescent Increments? They are neither finite Quantities nor Quantities infinitely small, nor yet nothing. May we not call them the ghosts of departed quantities?

[11] 此段话的原文为：In London lies a knight A. Pope interred. His labor's fruit a holy wrath incurred.You seek the orb that ought be on his tomb.It speaks of Rosy flesh and seeded womb.

[12] 此段话的原文为：After dinner, the weather going warm, we went into the garden, drank tea under the shade of some apple trees; only he and myself. Amidst other discourse, he told me, he was just in the same situation, as when formerly, the notion of gravitation came into his mind. Why should that apple always descend perpendicularly to the ground, thought he to himself; occasion'd by the fall of an apple, as he sat in a contemplative mood…

[13] 此段话的原文为：Some mathematicians are birds, others are frogs. Birds fly high in the air and survey broad vistas of mathematics outto the far horizon. They delight in concepts that unify our thinking and bring together diverse problems from different parts of the landscape. Frogs live in the mud below and see only the flowers that grow nearby. They delight in the details of particular objects, and they solve problems one at a time.

[14] 此段话的原文为：What Descartes did was a good step. You have added much several ways, & especially in taking the colours of thin plates into philosophical consideration. If I have seen further it is by standing on the shoulders of giants.

[15] 此段话的原文为：Prop. LXXVI Theor. XXXVI

Corol. 3. Attractiones vero motrices, seu pondera Sphærarum in Sphæras erunt, in æqualibus cetrorum distantiis, ut Sphæræ attrahentes & attractæ conjunctim, id est, ut contenta sub Sphæris per multiplicationem producta.

Corol. 4. Inq; distantiis inæqualibus, ut contenta illa applicata ad quadrata distantiarum inter centra.

[16] 此段话的原文为：2:11 And when they were come into the house, they saw the young child with Mary his mother, and fell down, and worshipped him: and when they had opened their treasures, they presented unto him gifts; gold, and frankincense, and myrrh.

[17] 此段话的原文为：H. S. E. Isaacus Newton Eques auratus, Qui animi vi prope divinâ, Planetarum motus, figuras, Cometarum semitas, Oceanique aestus, sua mathesi facem praeferente, primus demonstravit; Radiorum lucis dissimilitudines,

Colorumque inde nascentium proprietates, quas nemo anteá vel suspicatus erat, pervestigavit. Naturæ, Antiquitatis, S. Scripturæ., sedulus, sagax, fidus Interpres. Dei O.M. majestatem philosophia asseruit; Evangelii simplicitatem moribus expressit. Sibi gratulentur mortales Tale tantumque extitisse Humani Generis Decus. Nat. XXV Dec. AD. MDCXLII. Obiit XX Mar. MDCCXXVI FINIS.

[18] 此段话的原文为：Nature and nature's laws lay in night: God said,Let Newton be! ——and all was light.

[19] 此段话的原文为：I do not know what I may appear to the world, but to myself I seem to have been only like a boy playing on the seashore, and diverting myself in now and then finding a smoother pebble or a prettier shell than ordinary, whilst the great ocean of truth lay all undiscovered before me.

[20] 此段话的原文为：Sapere aude! Habe Muth, dich deines eigenen Verstandes zu bedienen!

[21] 此段话的原文为：Il n'y a pas longtemps que l'on agitait dans une compagnie célèbre cette question usée et frivole, quel était le plus grand homme, de César, d'Alexandre, de Tamerlan, ou de Cromwell. Quelqu'un répondit que c'était sans contredit Isaac Newton. Cet homme avait raison…C'est à celui qui domine sur les esprits par la force de la vérité, non à ceux qui font des esclaves par violence c'est à celui qui connaît l'univers, non à ceux qui le défigurent, que nous devons nos respects.

第四章　蒸汽时代

别了，上帝

那是最美好的时代，那是最糟糕的时代；
那是智慧的年头，那是愚昧的年头；
那是信仰的岁月，那是怀疑的岁月；
那是光明的季节，那是黑暗的季节；
那是希望的春天，那是绝望的冬夜；
我们占据一切，我们一无所有；
我们一起飞升天堂，我们一起堕落地狱。[1]

——查尔斯·狄更斯《双城记》

人类的历史进入了牛顿纪元……

牛顿去世后的一个世纪内，不列颠掀起了轰轰烈烈的“工业革命”（Industrial Revolution）。18 世纪 70—80 年代，一种全新的改进型蒸汽机①在英国机械工匠詹姆士·瓦特（James Watt，1736—1819）手中诞生，历史学家把这一标志性事件作为“蒸汽时代”（Age of Steam）的真正开端。

伯明翰的工厂内，新式蒸汽机的飞轮永不停歇地旋转。在这震耳欲聋的轰鸣与混沌一片的蒸汽中，人类的力量被无限制地放大——上帝，窒息而亡……

上帝死了！上帝已经死了！正是我们谋杀了他！我们如何才能安

① “蒸汽机”的原型可以追溯到亚历山大学派的海伦（Heron，10?—70?）设计的蒸汽动力仪器（aeolipile），而近代意义上的第一台“蒸汽机”是 1712 年由英国机械工匠托马斯·纽卡门（Thomas Newcomen，1664—1729）设计制造的。

慰自己，这凶手中的凶手？[2]

——尼采 《快乐的科学》（Drittes Buch. 125）

1791 年，流亡半生的伏尔泰在辞世 13 年后享受到了法兰西给予他的“加冕礼”，他的遗体归葬巴黎先贤祠（Le Panthéon）①。彼时，他从伦敦带到巴黎的启蒙火种，已化为熊熊烈焰，从大西洋彼岸的新大陆烧向了沉寂的旧大陆，从法兰西烧向了整个欧洲……

断头台

由此门入是不幸之城，

由此门入是永恒的沉沦，

由此门入是万劫不复的众生。[3]

——但丁 《神曲·地狱篇·地狱之门》

从“理性”到“自由”的彼岸，或许是“哲人王的国”，但未必是“美好的时代”……

1789 年 7 月 14 日夜，巴黎郊外，凡尔赛宫。

法兰西的王，路易十六（Louis XVI，1754—1793）漫不经心地写下“14 日，星期二，无事”，便合上日记本准备睡觉。凌晨，内侍匆忙觐见，一阵耳语……

路易十六：是叛乱吗？

内侍：不，陛下，是“革命”……

公元 1789 年 7 月 14 日，“法国大革命”（Révolution Française）的大幕开启了：它是巴士底狱（La Bastille）废墟上一幕幕应接不暇的

① Panthéon 源自拉丁文 pantheon 和希腊文 πάνθειον，意为“万神殿”，最著名还有罗马万神殿和雅典帕特农神庙。

大戏，迭起的高潮在“革命广场”（Place de la Révolution）上的断头台①——今天，它已经成了“法国大革命”的一个符号。

> 他们使自由的每一个足音都变成一座坟墓，这种情况要继续到什么时候？你们要面包，他们掷给你们人头！你们口干欲裂，他们却让你们去舔断头台上流下的鲜血！[4]
>
> ——卡尔·乔治·毕希纳《丹东之死·第三幕》②

炽天使路西法（Seraph Lucifer）堕落深渊，为撒旦（Satan）的化身。天上的“乌托邦”（Utopia）映射在世间的同义词是幻觉，是虚无，是无所禁忌、无休无止的杀戮……群情激奋的人民潮水般涌向“革命广场”，等待“革命法庭”（Tribunal révolutionnaire）一个又一个宣判。在激烈亢奋的欢呼声中，断头台以前所未有的高效率运作，路易十六、斐扬派（Feuillants）、吉伦特派（Girondists）、雅各宾派（Jacobins）……难以计数的“共和国敌人”用他们生命的谢幕串联了弥漫血腥的戏剧，断头台下的观众欢呼雀跃，再没有比这更精彩的“马戏”。最后一个登场的，是曾高呼“自由、平等、博爱”（Liberté, égalité, fraternité）的雅各宾派领袖，罗伯斯庇尔（Maximilien François Marie Isidore de Robespierre，1758—1794），历史无情地宣读他的判词：既然让你开启恐惧，就以你的血来终结。

也许，断头台上的刽子手们才是“革命”完整的、真正的见证者，他们的眼里没有什么主义与旗帜，没有意识形态，在纷乱的时局里，

---

① “革命广场”在大革命时期数易其名，1830年之后复名“协和广场”（Place de la Concorde, 1795）至今。据说，路易十六本人参与设计了广场上的新式斜刃断头台。

② 1835年，德国作家卡尔·乔治·毕希纳（Karl Georg Büchner，1813—1837）发表了他的第一部剧作《丹东之死》（*Dantons Tod*），检讨“法国大革命”。乔治-雅克·丹东（Georges-Jacques Danton，1759—1794），大革命时期雅各宾派领导人之一，雅各宾派专政（1793—1794）之初，倡议成立“革命法庭”，镇压“共和国的敌人”，专政后期趋于温和，反思恐怖专政，与同为雅各宾派的罗伯斯庇尔等人分道扬镳，最终被“革命法庭”送上了断头台。

只有他们安守着自己的本职工作，手起刀落，一颗颗滚落阶梯淹没于人群的头颅！

蛋糕与自由

你当如此行动，无论是你自身或他人的人性，总是同时作为目的，绝不仅仅当作所需的手段。[5]

——伊曼努尔·康德 《道德形而上学基础》（Zweiter Abschnitt）

风云际会的时代，总有太多的情感用以宣泄，太多的语言用来铺排，但对于人道与暴虐、高尚与卑鄙纠缠不休的“大革命”，只用两句话就够了——这两句话，出自两个女人之口……

玛丽·安托内特（Marie Antoinette，1755—1793），路易十六的王后，一个因后世极力渲染的无知而载入史册的妇人。

及天下慌乱，百姓饿死，帝曰：何不食肉糜？

——《晋书·惠帝纪》

不知时宜的大臣：殿下，路有饿殍，面包不得而食。

纵情声色的王后：那就让他们吃蛋糕。

……

“要是没有面包，那就让他们吃蛋糕”（S'ils n'ont pas de pain, qu'ils mangent de la brioche）①——这句话足以赋予一场“革命”所需的全部正义。

1793年11月8日，“吉伦特的无冕女王”——罗兰夫人（Madame

① 这句话最早出现在启蒙思想家让-雅克·卢梭（Jean-Jacques Rousseau，1712—1778）的《忏悔录》（*Les Confessions*）中，但卢梭只是笼统地指出这句话出自“一位大公主”（une grande princesse）之口。

Roland，1754—1793）被昨日并肩战斗的“革命战友”，今天的“共和国的独裁者”送上了断头台。

无耻的女人，滚上断头台！——“革命广场”上万众欢腾，看客们渴望又一个带血的头颅。

罗兰夫人环顾断头台下的人群，良久，留下了她的遗言——“启蒙世纪”（Le Siècle des Lumières）的遗言：

自由啊，多少罪孽假你之名！[6]

共和国不需要学者！

革命的绝对价值之上，有人道的绝对价值。[7]

——维克多·雨果 《九三年》（Troisième Partie. Livre Sixième.Ⅱ）

当某些“特殊价值”凌驾于一切价值之上，尤其是人道的价值之上时，悲剧就要不可避免地诞生。

安托万-洛朗·德·拉瓦锡（Antoine-Laurent de Lavoisier，1743—1794），是“法兰西的玻义耳”、“化学界的牛顿”、“氧元素之父”①、质量守恒定律（Law of Conservation of Mass）的确立者②、化学定量分析先驱。但在愤怒的革命群众眼中，他不过是波旁王朝（Maison de Bourbon）的遗老、敲骨吸髓的包税官……此等宵小，虽万死不足以平民愤！

学术上的敏锐不足以察觉世事的风吹草动。在革命的巨浪洪流

① 拉瓦锡并非第一个发现氧元素的学者，但他通过一系列实验和理论分析确定了氧的化学性质，并将其定名为 oxygène，意为“酸的制造者”，近代日语从西文翻译而来“酸素”，即氧元素。

② 拉瓦锡在《论化学的基础》（*Traité Élémentaire de Chimie*, 1789）中将“质量守恒定律”（或“物质不灭定律”）表述为：Rien ne se perd, rien ne se crée, tout se transforme（既非消失，亦非创生，万物相互转化）。

中，天真的拉瓦锡还在为风雨飘摇的法兰西科学院（Académie des Sciences）奔走呼号，这是他守护法兰西的一种方式……

不久前才为共和国政府定立新度量衡的科学家，站在“革命法庭”的被告席，成为了“革命”的对象。没有时间去核实所谓的横征暴敛，包税官的身份、人民的愤怒……还有雅各宾派领袖马拉（Jean-Paul Marat，1743—1793）的意志——够了，够了，已经远远超过一次“革命的判决”所需的判据了。

共和国不需要学者，遑论化学家！[8]

面对刀下留人的请求，“革命法庭”的法官如是说。

1794 年 5 月 8 日清晨，拉瓦锡与包税公司（Ferme générale）一干人等被匆匆押上了“革命广场”，而一年前的 7 月 13 日，“燃素说”（Phlogiston Theory）① 的忠实信徒、对科学院怀有歇斯底里的憎恶的马拉，已经倒在了自己的浴盆里。或许没有人记得马拉当年那篇被拉瓦锡否掉的论文，好在他“大仇得报”。②

刽子手又一次手起刀落，法兰西人砍下了他们自己最昂贵的一颗头颅……沸腾的人群里，一个叫约瑟夫-路易·拉格朗日（Joseph-Louis Lagrange，1736—1813）的人痛苦地闭上了双眼，他竭力抑制自己的悲愤：

砍下他的脑袋只需要一瞬间，但法兰西要再长出这样一颗头颅，一百年都不够！[9]

---

① “燃素说”是化学领域的“微粒哲学”，认为可燃物中存在被命名为“燃素”的物质微粒，燃烧是一个释放“燃素”的过程。1783 年，拉瓦锡在法兰西科学院宣读了《对燃素的反思》(*Réflexions sur le Phlogistique*)，总结了自己自 1772 年以来的实验和理论研究，批评了“燃素说”，传播燃烧的氧化理论，并阐述了热力学史上一个重要的理论模型，后来被称作“热质说”(Caloric Theory)。“热质”一般被描述为可以自发地从高温物体流向低温物体的无重量流体。

② 由于严重的皮肤病，马拉常常在浴盆里办公。1793 年 7 月 13 日，吉伦特派的支持者夏洛特·科黛（Charlotte Corday，1768—1793）以告密为名进入马拉寓所将其刺杀。

官僚的原则

三军可夺帅也，匹夫不可夺志也！

——《论语·子罕》

巴黎西南郊的凡尔赛宫，某个风和日丽的下午。

约瑟夫-路易·拉格朗日、伽斯帕·蒙日（Gaspard Monge，1746—1818）、阿德利昂-玛丽·勒让德（Adrien-Marie Legendre，1752—1833）、拉扎尔·卡诺（Lazare Carnot，1753—1823）[①]、让-巴普蒂斯特·约瑟夫·傅里叶……正在法兰西宫廷最精致的艺术品环绕中一道享受薄荷味的下午茶，他们是劫后余生者，是这个时代最杰出的数学家、物理学家与天文学家及执政府（Consulat Français）的新贵，也是第一执政拿破仑·波拿巴（Napoléon Bonaparte，1769—1821）的座上宾。在这个小圈子里，这位不久之后法兰西帝国（Empire Français）的“民选皇帝”，还有一个自己十分珍视的头衔——法兰西科学院院士[②]。

现在，拿破仑没有加入朋友们激烈的争论，他在一旁仔细地阅读内侍刚刚呈上来的最新一册《天体力学》（*Mécanique Céleste*）。这是一部奇妙的著作，作者试图用欧陆风格的微积分语言重构不列颠巨人牛顿在《原理》中以几何图像描绘的宇宙。在书中，作者充分放任了自己对简洁的癖好，他极力避免所有自己视为冗长烦琐的论证，于是通

① 拉扎尔·卡诺的长子，即物理学家、军事工程师尼古拉·勒纳德·萨迪·卡诺（Nicolas Léonard Sadi Carnot，1796—1832），他在“热质说”的基础上，推演了解释蒸汽机效率上限的热机理论，为热力学的创立做出了决定性贡献。

② 1798年，拿破仑当选法兰西科学院院士。作为炮兵出身的将领，拿破仑本人具有较高的数学和工程素养（如弹道学、测绘学等），然而平面几何中的“拿破仑定理”（Napoleon Theorem，以任一平面三角形三边为底分别向外做三个正三角形，则这三个正三角形内心连线也构成一个正三角形），很可能是后人附会。

篇美妙的数学结论前面总会带上一个令读者无奈的前缀：“容易看出”（Il est aisé à voir que）——每一个“容易”几乎都要耗费后人痛苦的数个小时。

拿破仑沉浸在作者营造的数理世界里，尽力思索“容易看出”背后的玄机，直到内侍在大厅门前高声唤到：上议院议长皮埃尔-西蒙·拉普拉斯（Pierre-Simon Laplace，1749—1827）阁下觐见！

拿破仑合上了书本，打量着眼前这位皇皇巨著的作者、“法兰西的牛顿”、自己曾经的师长——20年前自己就是在这个人主持的考试中脱颖而出，走上荣耀之路的。然而，直到流放在大西洋一隅圣赫勒拿岛（Saint Helena）的最后岁月，拿破仑才给予了自己的老师最恰如其分的评价：

拉普拉斯是第一流的几何学者，但却是一位平庸的行政官员。从他的第一件工作起，我们就发觉自己上当了。他看不到真正的问题，却怀着微妙的想法到处玩弄权术，最后带着“无穷小量”的精神混入内阁！[10]

在第一执政亲自召集的“沙龙”迟到可不是等闲小事，拉普拉斯战战兢兢地立于廊下，他一面用精致的丝织手绢擦拭额头上的汗珠，一面有分寸地深呼吸以遏制住失礼的气喘吁吁。他尽可能地抬起鞠躬的上半身，希望能瞄见高高在上的第一执政脸上的表情。之前，拉普拉斯已经从各种渠道了解到了昔日学生对自己种种不堪的厌恶，这个诺曼底农夫的儿子，带着与生俱来的狡黠玩起了老套的官僚把戏，他竭力驱动自己的大脑，希望能临时拼凑出一段合乎时宜的段子，取悦自己的主人，结束这该死的尴尬场面。

拿破仑忍无可忍，老师的窘迫令他这个学生都看不下去了。他走上前去，把拉普拉斯扶到了茶桌旁的座位上，好言安抚了几句。老道的官僚果然察觉到了安全的信号，神经紧绷的脸上立刻换上了恭顺的笑容，很快就融入了“沙龙”的讨论氛围。

不一会儿，拿破仑手执一册《天体力学》加入了学者们的讨论，他向各位讨教阅读的心得并不加掩饰地表明自己的赞赏。坐在一旁的拉普拉斯洋洋得意，他准备回敬自己早准备好的奉承——不料，拿破仑话锋一转：

“亲爱的皮埃尔，在你这部关于宇宙的伟大著作中，为什么从不提及它的创造者呢？”

“沙龙”激烈的讨论戛然而止，第一执政微笑着望着上议院议长，他似乎已经预料到接下来的表演。

空气在此刻凝固，偌大的客厅里仿佛只剩下两个人。拉普拉斯收敛了笑容，沉默片刻后，他迅速起身，整理了一下领口，猛然昂起头，双眼俯视他的学生——未来的法兰西皇帝与欧洲征服者，拿破仑·波拿巴：

> 我不需要那个假设！[①]

在与拉普拉斯对视的一刹那，久经沙场的拿破仑感到了一种前所未有的威慑力，他突然意识到自己碰上了一股不可征服的力量。不可一世的君王连忙起身，诚惶诚恐得像一个仆人似的，在学者们的注目中将自己的老师恭恭敬敬地迎回了座位。

最后一夜

> 诗人死了！——荣耀之奴仆——
> 坠落，在流言蜚语，

① 原文为：Jen'avais pas besoin de cette hypothèse-là! 据说拉格朗日对这个问题的回应是：Ah! c'est une belle hypothèse; ça explique beaucoup de choses（哎呀！那是一个很好的假设，可以解释很多事物）。

在洞穿胸膛的铅弹，在复仇的渴望之中，

高昂的头颅已经低垂！

……[11]

——米哈伊尔·尤里耶维奇·莱蒙托夫《诗人之死》

1837年2月8日午后，在圣彼得堡凛冽的寒风中，品完最后一杯咖啡的亚历山大·谢尔盖耶维奇·普希金（Александр Сергеевич Пушкин，1799—1837）匆匆奔赴小黑河畔的决斗场——诗人为了妻子的名誉，接受一个无赖的挑衅。

一声枪响——“俄罗斯诗歌的太阳”沉落了①……

上帝死了，命运丝毫不收敛它对天才们的嫉妒。

1832年5月29日深夜，巴黎某间小屋内。

激进的共和派分子，埃瓦里斯特·伽罗瓦（Évariste Galois，1811—1832）正在昏暗的灯光下奋笔疾书，历史留给他的时间已经所剩无几了……

1829年5月，还不满18岁的中学生伽罗瓦在数学老师的鼓励下向法兰西科学院提交了自己关于高次方程②求解的研究报告。报告的审查人是波旁王朝的支持者、巴黎数学界的灵魂、分析时代的中流砥柱奥古斯丁-路易·柯西（Augustin-Louis Cauchy，1789—1857）。于是，三年前发生在挪威青年数学家尼尔斯·亨里克·阿贝尔（Niels Henrik Abel，1802—1829）身上的一幕重演了③——在论文的公开审查前夕，伽罗瓦的报告莫名其妙地遗失了。

1830年2月，从两次报考综合理工学校（École Polytechnique）落榜和父亲自杀的阴影中走出来的高等师范学校（École Normale

① 决斗后重伤的普希金逝世于2月10日。

② 未知数项的最高次幂大于或等于5的代数方程。

③ 1824年，阿贝尔自费出版了《论代数方程，证明一般五次方程的不可解性》（*Mémoire sur les Équations Algébriques où on Démontre L'impossibilité de la Résolution Générale du Cinquième Degré*），他严格证明了五次和高于五次的一般代数方程没有根式解并讨论了一类（接下页）

Supérieure）一年级学生伽罗瓦再次向法兰西科学院提交了自己最新的研究报告。这一次，报告交付到了法兰西科学院终身秘书、德高望重的傅里叶手上。但情况并不比第一次好，傅里叶将伽罗瓦的报告带回家后便再无消息。是年5月，傅里叶撒手人寰，在他留下的遗物中，伽罗瓦的手稿不翼而飞。

1831年1月，在穷困潦倒中走投无路的伽罗瓦第三次向法兰西科学院提交了正式论文《论根式求解方程的可解性条件》（*Mémoire sur les Conditions de Résolubilité des Équations par Radicaux*）。论文是在数学家、物理学家西门·丹尼斯·泊松（Siméon Denis Poisson，1781—1840）的建议下完成的，也是由这位以杰出贡献连同面对阿拉果（Dominique François Jean Arago，1786—1853）和菲涅尔（Augustin-Jean Fresnel，1788—1827）的“尴尬预言”[①]进入物理学史的学者完成的主审。遗憾的是，泊松没有读懂这篇晦涩的数学论文——我们没有理由去苛责泊松，即使是一位经典力学巨擘，也未必能预见到一个多世纪以后才在现代科学中大放异彩的全新数学。

接二连三的打击令血气方刚的伽罗瓦彻底地愤怒：监狱般的学校、平庸的教员还有冷漠的科学院……他宁愿做科学战场上的逃兵。伽罗瓦的离去是那样决绝，他不能容忍自己的生命在冷漠中消耗殆尽，义无反顾地融入“大革命”的余晖，把满腔才华与澎湃激情倾注到后拿破仑时代的洪流中……

被学校开除、公开煽动刺杀国王、两次锒铛入狱……年轻的共和战士已经为自己并不漫长的革命生涯镀上了光辉的金色，然而一场不期而至的“爱情”却终结了炫丽的浪漫。在虚无缥缈的风花雪月里，数学家为一个女人，收获了一场必死无疑的决斗！

我没有时间了，我没有时间了，我没有时间了……

（接上页）特殊代数的根式解。1926年，阿贝尔来到巴黎向法兰西科学院提交了自己的研究成果，论文由柯西审查，但没有得到回复。

① 即光的衍射现象产生的“泊松亮斑”（Poisson Spot）。

夜在悄无声息中飞速地流逝……伽罗瓦乞求上帝放慢时间匆匆的脚步。他并不畏惧死亡，只是无奈不能以革命者的荣耀慷慨赴死，然而真正不能放下的执着却是埋藏心底的挚爱——数学，这是饱受苦难的心灵最后一丝慰藉。

科学院的老人在往昔的荣光里呼呼大睡……数学的精灵，不甘心就这样凄然坠落。在人生旅途的最后一夜，他争分夺秒，为全人类留下了智慧的独白①：

我亲爱的朋友，

在分析学方面，我已经有了新的发现。

其中有的涉及方程论，另一些则与整函数有关。

就方程论而言，我一直在寻求方程根式可解的条件，这使我有机会去探索该理论并描述一个方程所有可能的变换，即使它并非根式可解。

……[12]

在断断续续喷涌而出的思想火花中，折磨数学家数百年的难题迎刃而解；粗糙的研究大纲，潦草的字里行间，诞生了一个崭新的数学分支——“群论”（Group Theory）②，这是悲剧的根源，作为现代科学的语言，它的“早产”只带给了年轻的“父亲”无尽的痛苦。

在黎明前的几个小时里，伽罗瓦紧张地忙碌着，直到旭日破晓，东方既白。疲惫不堪的数学家恋恋不舍地离开了属于自己的世界，房

① 《致奥古斯特·夏瓦利叶的信》（*Lettre a Auguste Chevalier*，1832 年 5 月 29 日）。

② 伽罗瓦去世后，他的工作亦未获得他所期望的高斯（Carl Friedrich Gauss，1777—1855）与雅可比（Carl Gustav Jacob Jacobi，1804—1851）的回应。直到1846年，经约瑟夫·刘维尔（Joseph Liouville，1809—1882）整理发表（刘维尔也检讨了伽罗瓦的新思想在表达上的缺陷），伽罗瓦的成果才得到承认。简而言之，伽罗瓦在研究代数方程根式可解的充要条件时引入了“置换群”（permutation group）的概念，后来的数学家在其先驱性工作的基础上拓展、推广，获得了更抽象、更普遍的“群”的概念，用以刻画各类对象的结构（尤其是具有某种对称性的结构，比如物理学各个分支中遇到的研究对象）。

间里四处散落着墨迹未干的手稿。伽罗瓦淡然一笑，拿起桌上的手枪，向郊外走去……

庶民的胜利

没有至高无上的基督
也不靠保民官、恺撒或天主
自我解放吧，凡夫[①]
去实现普世的救赎
……[13]

——欧仁·鲍狄埃 《国际歌》

1804 年，旅居巴黎的英国传奇学者，神圣罗马帝国的伦福德伯爵（Reichsgraf von Rumford），本杰明·汤普森爵士（Sir Benjamin Thompson，1753—1814）迎娶了拉瓦锡的遗孀玛丽（Marie-Anne Paulze Lavoisier，1758—1836）。他允许玛丽保留拉瓦锡的姓氏，但并不接受拉瓦锡的“热质说”，几年前他就向英国皇家学会提交了《关于摩擦生热原因的实验探究》（*An Experimental Enquiry Concerning the Source of the Heat which is Excited by Friction*，1798），将“热现象”归结为一种运动的形式。

暮年的伦福德伯爵，或许还会时常回忆起自己在新大陆的峥嵘岁月：回忆起他在“独立战争”（American War of Independence，1775—1783）时创立的“英王美利坚龙骑兵团”（King’s American Dragons），以及他最可敬的政敌——另一个“本杰明”……

---

① producteurs 可直译为“劳动者”或“生产者”。

神话

愚蠢的凡夫，
妄图效仿
不自量力的普罗米修斯，
盗取宙斯的天火，
竟不惜生命的代价。

1752 年 6 月 15 日，新大陆宾夕法尼亚的费城（Philadelphia, Pennsylvania）。

清教徒（puritan）①、出版商、作家、政治家、外交家，未来美利坚合众国（United States of America）的缔造者之一——本杰明·富兰克林（Benjamin Franklin，1706—1790），在雷电交加的暴风雨里，像一个失去理智的疯子，牵着一条被雨水淋湿的风筝线，跌跌撞撞地在狂野中奔跑呼喊。

鄙夷、嘲讽、同情、怜悯……怀着不同的心境，围观者不约而同地在胸前划着十字，理解上的困难并不妨碍他们泛滥天赋的仁慈。

风筝在浓密的乌云间穿行，每一秒都浸透了死亡的威胁。

风雷激荡的瞬间，连接风筝的麻绳上松散的线彼此分开，直立了起来……

这是带电的征兆！

兴奋的富兰克林声嘶力竭地欢呼。他分不清此刻心脏的剧烈震颤是激动还是触电所致，顾不得身体不由自主的痉挛带来的麻痹，疾速摩擦自己的指关节，然后屏住呼吸，小心翼翼地伸向了挂在绳子上的铜制钥匙②……

---

① 清教徒是自 16 世纪宗教改革以来信奉新教加尔文宗（Calvinism）反对英国国教（新教安立甘宗）的派别，后来成为新大陆（北美）移民的主体。

② 靠近而非接触。

电火花！

是电火花！

昙花一现的闪耀结束了窒息的瞬间。

所有的争论都可以平息了。浑身湿透的富兰克林在雨中张开双臂，在电闪雷鸣中享受胜利的快乐，然后在围观者茫然的注目礼中，心满意足地收工回家——自此，“费城的风筝”与“比萨斜塔的铁球”“沃尔索普村的苹果”一样，进入了后世不断演绎的传奇……

1752年10月19日，为了证实云层释放的闪电与“摩擦起电”① 别无二致，从而建立普遍意义上的电学，富兰克林在致英国学者彼得·柯林森（Peter Collinson，1694—1768）的信② 中绘声绘色地描述了一个大胆的“实验经过”：

在雷雨将临之际（我们这儿雷雨很频繁），把风筝升起来，握着风筝线的人一定要站在门、窗里或遮蔽物之下，防止系钥匙的丝带淋湿；务必非常小心，不要让风筝线碰到门或窗户的边框。

当雷雨云飘到风筝之上时，风筝上尖的金属丝将从中引下“电火”；风筝连同整条风筝线都会带电；风筝线上松散的纤维会向各个方向伸展，并且会被靠近的手指吸引。

当雨水淋湿风筝和风筝线后，它们可以自由传导“电火”，用你的指关节靠近钥匙，可以发现大量“电火”流出。

钥匙流出的“电火”可以用小玻璃瓶收集；瓶中的酒精可以被点燃，那些通常借助于摩擦玻璃球或玻璃管的起电实验均可照此操作，从而完全证实物质起电与闪电的一致。[14]

① 英文中的electric和electricity源自拉丁语electrum和希腊语ἤλεκτρον，意为“琥珀”，这个命名来自英国学者威廉·吉尔伯特（William Gilbert，1544—1603），他在《论磁性与磁体以及地磁》（*De Magnete, Magneticisque Corporibus, et de Magno Magnete Tellure*，1600）中探讨了琥珀经过摩擦后可以吸附轻小物体的静电现象。

② A Letter of Benjamin Franklin, Esp; to Mr. Peter Collinson, F. R. S. concerning an electrical Kite，1752.

这封从新大陆寄到英国皇家学会的信也可以看作是富兰克林的“优先权”申明，他已经注意到法国同行的工作——1752 年 5 月 10 日，法国学者托马斯-弗朗索瓦·达利巴尔（Thomas-François Dalibard, 1709—1778）等人用一根40英尺高的金属杆进行了从云中引电的实验。

凭借降服闪电的功勋，本杰明·富兰克林的盛名远播欧陆，1756 年，他成了英国皇家学会中极少数来自新大陆殖民地的会员。在短暂的科学生涯中，富兰克林留下了“正电”“负电”“导体”电荷守恒定律（Conservation Law of Charge）……新的概念①源源不断地充实着物理学大厦的基座，盗取天火的富兰克林为下一个时代奠定了一个希腊神话般的开局——费城的闪电不仅照亮物理学家的实验室，还将照亮新大陆及整个 18 世纪，恰如法国学者杜尔哥（Anne Robert Jacques Turgot，1727—1781）的评价：

> 他夺下了天上的闪电与暴君的权杖。[15]

1790 年 4 月 17 日深夜，84 岁的富兰克林在费城家中安然辞世。这位“启蒙”旗帜下的老兵、《独立宣言》（*Declaration of Independence*，1776）的起草者、“制宪会议”（Constitutional Convention，1787）的中流砥柱，与华盛顿（George Washington，1732—1799）、亚当斯（John Adams，1735—1826）、杰弗逊（Thomas Jefferson，1743—1826）等人共享“国父”（Founding Fathers）荣耀的老人，为后人留下了一段感人至深的墓志铭②：

---

① 比如富兰克林将玻璃摩擦所带电（vitreous）约定为“正电”（positive），将树脂摩擦所带电（resinous）约定为“负电”（negative），沿用至今。1747 年 6 月 5 日，富兰克林在致卡德瓦拉德·科登（Cadwallader Colden，1688—1776）的信中将“电荷守恒定律”表述为：Electrical Fire is real Element, or Species of Matter, not created by the Friction, but collected only（“电火”是实在的元素，或物质的种类，并非由摩擦中创生，而仅是聚集）。

② 这个墓志铭是富兰克林本人于 1728 年撰写的。

这躯体
本杰明·富兰克林印刷工，
像一本旧书的封面，
内容尽失，
字迹模糊，镀金斑驳，
安眠于此，为虫豸餐饭。
但他的辛劳不会消失，
一如所愿，
再次出现，
以更完美的新版本，
修订且补偿
于作者手中。
……[16]

“印刷工”——逝者留给自己的最后头衔……

装订工

1812年岁末，大雪初霁的伦敦异常寒冷。

温暖的炉火旁，电化学奠基人、英国皇家学会会员、大病初愈的汉弗莱·戴维爵士（Sir Humphry Davy，1778—1829）正悠闲地品着下午茶。

就在这一年的4月，这个木器雕刻匠的儿子成了继弗朗西斯·培根、伊萨克·牛顿之后又一位凭借卓越贡献晋阶爵士的自然哲学家。今天，任何一张排列得密密麻麻的元素周期表上，钠（Na）、钾（K）、钙（Ca）、镁（Mg）、钡（Ba）、锶（Sr）、硼（B）都在默默地述说绝世奇才的赫赫声名：不到一年时间内连续发现7种元素，还包括由其确立元素地位的氯（Cl）与碘（I），这是至今无人敢望其项背的传奇纪录。

少年得志的学者获得了上天太多的眷顾，现在历史再次把一个伟大的发现悄悄送到他的门前……

百无聊赖的戴维注意到桌上放着的一本“书”——精巧的装帧、工整的字迹、精美的插图……他不曾想象：这冰冷的世界还存在这样的有心人，将自己关于自然哲学的公开演讲悉心整理，装订成册。自成名以来，戴维已经收到过无数狂热追随者各式各样的礼物。在空洞的吹捧与露骨的奉承包围中，他已经变得有些麻木了。但当他用手摩挲着“书”的封面时，仍分明感到心底的一丝暖流。

作为新晋爵爷，戴维还需要时间克服自己身上的“乡下”习气。爵士老爷丝毫不掩饰自己的激动，急忙唤来管家打听这300多页的“艺术品”的来源……

出现在戴维面前的是一位学徒期满的书店装订工，迈克尔·法拉第（Michael Faraday，1791—1867）。

这个出身寒门的小伙子身着一套不大合身的旧外套，贫苦的生活没有磨蚀掉源自心灵的淳朴本色，初见偶像的兴奋倒是令他略带腼腆。

是一个青年装订工的精湛业务技能打动了实验派的科学家，还是木匠的儿子与铁匠的儿子之间存在着天然的亲近感？无论基于何种原因，法拉第最终如愿以偿，作为戴维爵士的实验助手进入了皇家研究院（Royal Institution of Great Britain，Ri）——1799年，伦福德伯爵、亨利·卡文迪许（Henry Cavendish，1731—1810）等在伦敦倡议创立了以学术研究和知识传播为宗旨的皇家研究院。1801年，戴维加盟皇家研究院，开始主持面向公众的自然哲学讲座。

1813年10月，戴维携新婚妻子出访欧洲大陆，年轻的法拉第亦获准随行。对法拉第而言，戴维漫长的巡回考察（1813—1815）是一次“痛并快乐”的难忘经历：在戴维那里，他是秘书与科学助手，全程参加戴维与欧洲大陆最优秀学者安培（André-Marie Ampère，1775—1836）、盖-吕萨克（Joseph Louis Gay-Lussac，1778—1850）、伏特（Alessandro Giuseppe Antonio Anastasio Volta，1745—1827）等人的交流切磋，有幸近距离感受19世纪初自然哲学的“巅峰对决”；但在以尖酸刻薄闻名的戴维夫人那里，他不过是个拎包的男仆，既没有与主人同乘马车的权利，也没有与主人共同进餐的资格……

恩怨

世与我纷纷；时光中浮沉，
得与失同在，荒芜了此生；
……[17]

——华兹华斯 《世与我纷纷》

1827年，年仅22岁的威廉·罗温·哈密顿（William Rowan Hamilton，1805—1865）被任命为都柏林三一学院①的安德鲁斯天文学教授（Andrews Professor of Astronomy），以爱尔兰皇家天文学家（Royal Astronomer of Ireland）的身份主持丹辛克天文台（Dunsink Observatory）。这位后拉格朗日时代分析力学②的集大成者，在上任前游历英格兰，拜访了“湖畔派”（Lake Poets）耆宿华兹华斯（William Wordsworth，1770—1850），年轻的“诗人”向前辈呈献了自己的诗作……后来，华兹华斯致信哈密顿——你还是继续走自己的科学之路吧……

无独有偶，汉弗莱·戴维亦名动一时的“湖畔派”过从甚密。同华兹华斯、柯勒律治（Samuel Taylor Coleridge，1772—1834）与骚塞（Robert Southey，1774—1843）的酬唱往来③，赋予了戴维自命“诗人”

---

① 都柏林的三一学院（Trinity College, Dublin）是都柏林大学（University of Dublin）唯一的学院。

② 在牛顿力学基础上深化拓展的经典力学理论体系，得名于拉格朗日的巨著《分析力学》（*Mécanique Analytique*, 1788）。

③ 1799年，柯勒律治和骚塞还参与了戴维发现“笑气”（laughing gas，即 N_2O，一氧化二氮）具有麻醉作用的实验。

的资本。但是，“诗人”纵情山水的怀抱中，未必没有尘世的喧嚣……

弟子不必不如师，师不必贤于弟子。

——韩愈《师说》

电与磁的相互作用，这个时代最时髦的课题。从丹麦到法兰西，从俄罗斯到英格兰，无数优秀学者投身其间，展开了一场追逐真理的竞赛。时间好像又一次回到了一百多年前，惠更斯、胡克、哈雷、牛顿在宇宙庙堂前的“厮杀”历历在目，“第二位牛顿”的桂冠刺激着每一位雄心勃勃的物理学家，以至于大家都没注意到历史悲剧将要重演——1820 年，业已晋封“从男爵”（Baronet）① 的汉弗莱·戴维当选英国皇家学会主席，他似乎离“牛顿”又近了一步。

悲剧的开端是戴维爵士的愤怒，他的愤怒源自他的无能为力。在炙手可热的电与磁面前，如日中天的戴维爵士失去了上苍的眷顾。但毕竟自己还可以到上流社交圈子里去寻求安慰，高高在上的戴维最终接受了失败的现实，直到一个足以让他丧失理智的消息不期而至——1821 年，而立之年的法拉第犯了一个绝大部分人都唯恐避之不及的“低级错误”：擅自闯入了“高贵者的自留地”！

皇家研究院的八年岁月匆匆逝去，在实验室助手岗位上原地踏步的法拉第依旧不改自己的淳朴本色，他还没有察觉到身后那位“高贵者”异样的目光。隐身于暗处的“高贵者”，正为自己当年将法拉第引入“自留地”的“愚蠢行径”懊悔不已，为了弥补自己的“过错”，甚至不惜走上前台！

对此还一无所知的法拉第仍以极大的热情投入了电与磁相互作用的研究，他只知道一个简单的逻辑：恩师汉弗莱·戴维与另一位知名

---

① “从男爵”是英国特有的爵位，位在“骑士”（Knight）之上，“男爵”（Baron）之下，可以世袭。与骑士一样，在姓名前冠以 Sir（爵士）。

学者威廉·海德·沃拉斯顿（William Hyde Wollaston，1766—1828）都在此折戟沉沙，所以我要设法攻克这个难题。却不知道“前提条件”里隐含的重重杀机……

1821 年 10 月，天真的法拉第骄傲地带着自己的阶段性成果，“电磁旋转”（electromagnetic rotation）[①]——世界上第一台直流电电动机（DC electric motor）出现在了世人面前。

没有鲜花，也没有掌声，法拉第才猛然发现：自己已经卷入了一场可怕的名誉旋涡。

剽窃，无耻的剽窃！

法拉第在痛苦中领教了“高贵者”的逻辑：卑贱等于愚蠢，所以区区一个实验室助手怎么可能取得如此重要的成果？当所有“可能的”情况被排除后，结论只有一个——这是对沃拉斯顿教授的剽窃！

在一片质疑声中，法拉第找到了沃拉斯顿，希望解释自己“无视”沃拉斯顿先驱性工作的原因[②]，并邀请沃拉斯顿到实验室检验自己的成果。幸运的是，沃拉斯顿最终与法拉第达成谅解，他承认了法拉第工作的独创性，并以前辈学者身份对这个无助的年轻人给予了祝贺与鼓励。

在绝望中看到希望的法拉第，来到了自己恩师的门前——他相信，现在只要身为皇家学会主席的戴维爵士仗义执言，自可弭谤于士林。然而，后面的情节完全超出了法拉第的理解能力，他等来的只是沉默，可怕的沉默……

1823 年，法拉第在皇家研究院的第十个年头，他在实验室里意外实现了氯气的加压液化，打开了通向低温物理的大门，却再一次闯入了“高贵者的自留地”。出于“种种原因”，他依旧坚守在实验室助手的岗位上，领着微薄的薪水继续他的科学生涯……沃拉斯顿，这位在 1820 年拒绝与戴维争夺皇家学会主席宝座的古怪学者终于按捺不住了，

---

① 法拉第用一个对称装置实现了通电条件下的连续旋转；装置两边的导线与水银分别构成连通的回路；通电后，左边的磁棒绕固定导线旋转，右边的导线绕固定磁棒旋转。

② 其中一个原因是沃拉斯顿当时并未公开发表他并不算成功的工作。

在他的领衔签名的鼓动下，29 名皇家学会会员联名提议法拉第作为皇家学会会员候选人。

沃拉斯顿等人的行动撕下了最后一块遮羞布，一直躲在暗处的“高贵者”终于公开亮相，一再忍让的法拉第不可避免地要和自己的恩师公开交锋。

这一年 3 月，戴维爵士公开发表言论，以他早年在自然科学讲座中展现过的高明口才——这也是法拉第崇拜戴维的原因之一，并终生仿效——含沙射影，指桑骂槐，“剽窃”的流言再度甚嚣尘上。紧接着，戴维做出了令人瞠目结舌的无礼举动：他怒气冲冲地直奔多年未踏足的皇家研究院实验室，以皇家学会主席的身份厉声斥责法拉第，要求他放弃参加竞选。一贯顺从的法拉第第一次向自己的老师说“不”。这一天，路过实验室的学者都看到了不可理喻的一幕：卑微的实验室助手面无表情地正在进行自己的实验，位高权重的皇家学会主席正在一旁声嘶力竭地咆哮……

1824 年 1 月，以绝对优势当选皇家学会会员的法拉第收获了唯一一张反对票。支持者们的欢呼声萦绕整个会场，他们把这次选举视为正义的胜利，一个又一个名满学界的前辈争相前来与法拉第握手致贺，纷纷留下“后生可畏”的感慨……而此时的法拉第，心中五味杂陈，他下意识地抬眼望向高高在上的主席台——那个引领自己进入科学殿堂的恩人，痴呆般坐在华贵的主席宝座上，孤独，茫然，面无血色……

突然，失魂落魄的戴维扭头转向了人群簇拥中的法拉第。那一刻，师徒目光交汇，从此恩断义绝……

鸟之将死，其鸣也哀；人之将死，其言也善。

——《论语·泰伯》

1825 年，重病缠身的戴维辞去了皇家研究院实验室主任（director of the laboratory）的职务，他提名的继任者是迈克尔·法拉第……

1829 年 5 月 29 日，瑞士日内瓦。

病床上，汉弗莱·戴维爵士静静等待死神的降临。日薄西山的学者发声困难，只有靠守在床前的友人一边提问一边记录遗言：

汉弗莱·戴维，你一生最伟大的成就是什么？

提问：是钠、钾、钙、镁、钡、锶、硼？——戴维摇了摇头。

提问：是首创电化学？——戴维还是摇头。

提问：是拯救千万生命的安全矿灯（Davy lamp）？——戴维痛苦地闭上了眼睛，死神已经逼近……

提问：是……

是一个人！

戴维猛然睁开双眼，在胸前乱舞的手紧紧抓住友人的胳膊，用尽最后一口气：

是……一个人……一个人，法拉第！[①]

圣诞讲座

夫仁者，己欲立而立人，己欲达而达人。

——《论语·雍也》

1935 年 11 月 23 日，居里夫人（Madame Curie，1867—1934）的追思会在纽约罗里奇博物馆（Roerich Museum）举行，为逃离纳粹而流亡美国的爱因斯坦（Albert Einstein，1879—1955）受邀发表演讲，他指出[②]：

---

① 这个“传说”还有另一个版本：戴维晚年是在一次宴会上如此回答崇拜者的提问的。

② In memory of Marie Curie, 1935。

玛丽·居里这样杰出的人物结束了她的一生，我们不应仅仅满足于工作上的成就，追忆她为人类已经做出的贡献。第一流人物对于时代和历史进程的意义，在其道德品质方面，或许比单纯的才智成就方面还要大，即使是后者，它们取决于品格的程度，或许也超过通常所认为的那样。

……

玛丽·居里，其道德力量与热忱，即使只有存在于欧洲知识分子之间的一小部分，在欧洲中部①，我们将面临一个更光明的未来。[18]

纽因顿（Newington Butts）走出来的庶民，迈克尔·法拉第，在英伦上流圈子的眼中，始终是一个不识抬举的“乡巴佬”。

克里米亚战争（Crimean War，1853—1856）中，政府意欲请法拉第出山，研制“大规模杀伤性武器”——毒气②。法拉第拒绝了——技术允许，但道德不允许！

1857年，心血来潮的维多利亚女王（Queen Victoria，1819—1901）意图效仿1706年牛顿封爵的盛举。法拉第拒绝了——他坚持以庶民的头衔走向人生的终点。

1857年和1860年，功成名就的法拉第两次被推选为英国皇家学会主席。法拉第拒绝了——他知道牛顿，更记得戴维那张面无血色的脸！

一次精彩的科学演讲之后，以女王为首的皇室以经久不息的热烈掌声等待法拉第先生返场致谢。法拉第拒绝了——他溜了，作为桑德曼教派的执事与长老（Deacon and Elder of Sandemanians），他有义务赶

① 可能指当时纳粹德国的势力范围。

② 第一次世界大战（The First World War，1914—1918）期间，德国犹太裔化学家弗里茨·哈伯（Fritz Haber，1868—1934）成为德军化学武器研制的负责人，他的好友爱因斯坦与其分道扬镳，他的妻子克拉拉（Clara Immerwahr，1870—1915）因反对化学战而自杀身亡。战后，身为战犯的哈伯因合成氨的工作（1909）被授予了1918年度的诺贝尔化学奖，随即引起轩然大波。20世纪30年代，纳粹上台，身为犹太人的哈伯被迫流亡国外。

去为临终的老太太做最后的弥撒。

作为最后的荣耀，皇室为法拉第预留了威斯敏斯特教堂的墓地。法拉第拒绝了——平民的儿子不必与“不列颠教宗”为邻，他有自己上天堂的路！

……

对这个铁匠的儿子而言，面对“高贵者”的拒绝是一种本能，但在更多的人看来却需要莫大的勇气，因为他们所要克服的不仅仅是来自外界的政治、经济、风俗习惯乃至生存的压力，还有他们那一颗颗不纯洁的心灵。不仅如此，这个实验室里的庶民还要完成一件牛顿或戴维本来可以却不屑去做的事——砍掉“高贵者的科学特权”。

很多年前，出身贫贱的学徒在机缘巧合下走进了汉弗莱·戴维爵士的自然科学讲座，这个时代最了不起的化学家的精彩演讲点燃了一个淳朴青年自我觉醒的火种。对听众席上那些雍容华贵的绝大多数听众而言，戴维先生高妙的口才表演只不过为百无聊赖的上流社交圈提供了新鲜话题。良好的贵族教养使得他们可以熟练并且应景地点头、拍手、欢呼，有条不紊地配合戴维的表演，即使他们完全不知所云——角落里，一台满负荷的“印刷机”正在飞速运转，那正是年轻的法拉第，奋笔疾书，唯恐遗漏了一个标点……

1825 年的圣诞节，法拉第在皇家研究院启动了“圣诞讲座”（Royal Institution Christmas Lectures）[①]。从 1825 年到 1860 年，他主持了 36 场讲座，并亲自主讲了其中的 19 场，直到 1861 年，垂垂老矣的法拉第才将主持工作交给了他的继任者——约翰·丁达尔（John Tyndall，1820—1893）。

没有身份门槛与高昂票价的限制，纯粹的科学吸引了伦敦各个阶层的听众，几个寒门子弟怀揣借来的铅笔头与笔记本忐忑不安地走进了富丽堂皇的报告厅。免费科学讲座的消息来得太突然，即便陷在报

① 同一时期，法拉第还发起了面向公众的“星期五夜谈”（Friday Evening Discourses）。

告厅的人头攒动之中，他们也不敢相信眼前的场景，直到那个衣着朴素的讲座报告人，皇家研究院实验室主任法拉第从容走上讲台……

180 多年过去了，讲台上早已没有法拉第的身影，但他并没有离开，也许就在听众席上来而复去的年轻人中间……

又一个“苹果”

19 世纪的物理学，牛顿纪元第二个百年。

在“不列颠先知”曾经流连的沙滩上，聚集了越来越多的追随者。他们俯身拾取珍贝，期待又一个象征荣耀的“苹果”……最终，这些“数理军团的骑士”纷纷堕入了“不列颠教宗”的宿命——永世循环的因果轮回。对宇宙起源的无限追溯使他们陷入了绝望，在逻辑链中徘徊的数学家渴望上帝的慰藉。

1831 年 12 月，来自剑桥大学的博物学家查尔斯·罗伯特·达尔文（Charles Robert Darwin，1809—1882）乘坐“小猎犬号”（Beagle）驶向了浩瀚的“真理海洋”……在理性、情感、信仰的风浪颠簸中，筋疲力尽的博物学家“捅”了上帝最后一刀。

当然，并非所有博物学家都是以革命者的形象投入这个时代的，包括“上帝之死”的第一责任人——达尔文。他的平和远胜于他的激进，终生都在僻静的庄园里寻求宁静，就像实验室里的法拉第，一个“数理军团”的弃徒，在远离尘嚣的角落，在他堆叠如山的笔记本里，构筑独属于自己的“实验室哲学”——在实验室的瓶瓶罐罐中度过一生的法拉第，留下了汗牛充栋的实验笔记，没有华丽辞藻，没有故作高深，甚至没有牛顿纪元后物理世界无所不在的“幽灵”——数学，在几乎不加雕饰的字里行间，是他的苦闷、欣喜、焦虑与哀伤，飘然而至的灵光一闪、辗转反侧的苦索愁肠，电与磁的一丝一缕、实验室的点点滴滴……

临终的上帝把又一个“苹果”抛给了冥思苦想中的迈克尔·法拉第。

距“小猎犬号”起航还有一个月。1831 年 11 月 24 日，皇家研究院实验室主任法拉第在皇家学会正式宣读了四篇跨时代的“论文”：《电流的感生》（*Induction of Electric Currents*）、《磁生电》（*Evolution of Electricity from Magnetism*）、《物质新的电状态或条件》（*New Electrical State or Condition of Matter*）、《阿拉果磁现象的解释》（*Explication of Arago's Magnetic Phenomena*），这四篇文章来自实验笔记整理而成的《电学实验研究》（*Experimental Researches in Electricity*，Vol. Ⅰ, Ser. Ⅰ）。

站在象征最高学术的皇家学会讲坛上，法拉第用精心锤炼的演讲术向听众们热情地介绍了他在这一年 8 月 29 日的发现，一个载入史册的伟大发现——“伏特电感应”（volta-electric induction）与“磁电感应”（magneto-electric induction），后来被统称为“电磁感应”（electromagnetic induction）[①]：

进而言之：无论安培或其他人那漂亮的理论是否被采纳，或者无论其在心智上留下什么，它仍不失其非凡意义，每一种电流都伴随有一个相应强度且与之垂直的磁作用，而电的良导体放置在磁作用的范围中时，却不能由此激发出任何电流，或产生一些等效于驱动这样电流的可观测效应。

这些讨论，以及它们的推论，从普通的磁获得电的希望，激励我在不同时期去用实验探究电流的感应效应。不久前，我获得了积极的结果；不仅实现了我的希望，更获得了向我揭示阿拉果磁现象的完满解释的一个关键，以及发现了一种新的情况，它可能在电流的一些最重要的效应中起到极大的作用。

……

① 法拉第将“电磁感应”的形成条件归结为五种情况：变化的电流；变化的磁作用；运动的恒定电流；运动的磁体；在磁作用范围内运动的导体。

一个螺线管接电流计，另一个接伏特电池，电池由100块4平方英寸的双层铜板组成，且充满电。当电路接通时，电流计有一个突然且极微弱的反应，当连接电池的电路断开时，也有一个类似的微弱反应。然而当伏特电池的电流持续通过一个螺线管时，电流计没有反应，另一个螺线管上也没有感应出任何可观测的效应……[19]

1832年到1834年，美国物理学家约瑟夫·亨利（Joseph Henry，1797—1878）与德裔俄国物理学家海因里希·楞次（Heinrich Friedrich Emil Lenz，1804—1865）先后发表了类似结果。1845年，德国物理学家弗兰茨·恩斯特·诺依曼（Franz Ernst Neumann，1798—1895）和威廉·爱德华·韦伯（Wilhelm Eduard Weber，1804—1891）先后给出了法拉第结果的数学表达：

$$\varepsilon = -k\int_l \frac{\partial \alpha}{\partial t} \cdot \mathrm{d}\boldsymbol{l}$$

其中，ε是在感应线圈中驱动感应电流的感应电动势，l为感应线圈的周长，$\mathrm{d}\boldsymbol{l}$为感应线圈的任意线元，矢量α是激励线圈在感应线圈处产生的电动力学势（electrodynamical potential），k是单位制决定的常量。这就是后来以法拉第命名的“电磁感应定律”（Faraday’s Law of Electromagnetic Induction）①。

1831年10月28日，法拉第利用电磁感应现象设计并制作了一台可以连续输出电流的装置，“法拉第圆盘”（Faraday’s disk）——世界上第一台直流电发电机（DC electric generator）。

十年光阴，从“电生磁”的“电磁旋转”（1821）到“磁生电”的“法拉第圆盘”（1831），在法国人、德国人面前抬不起头一百多年的英国绅士找回了全部的自信，在“牛顿的光环”与“莱布尼兹的诅咒”中艰难跋涉的不列颠科学最终回归时代风潮的最前沿。

---

① 今天电磁学或电动力学教科书上常见的是其微分形式。

法拉第极力克制自己的措辞，他希望听众们在通俗易懂且不失亲切的语言中感受到这个伟大发现的壮美，以及“神迹”初降那一刻自己难以言表的喜悦。

> 这东西有什么用呢？[20]

一位贵妇的提问终止了法拉第的兴奋，她的问题将随着工业时代的突飞猛进凝聚成一片阴云久久地徘徊在物理学的上空。

沉思片刻后，法拉第平静地回复①：

> 一个初生的“婴儿”将来会有什么用呢？[21]

齐物论

> 天地与我并生，而万物与我为一。
>
> ——《庄子·内篇·齐物论》

从 1821 年到 1831 年，法拉第走过了十年，他的兴趣遍及化学、冶金、光学诸多方面，虽然经历了风波，但始终没有停止对电与磁的哲学思考。而早在 18 世纪末至 19 世纪初，接下伊曼努尔·康德（Immanuel Kant，1724—1804）、约翰·哥特利布·费希特（Johann Gottlieb Fichte，1762—1814）旗帜的弗里德里希·威廉·约瑟夫·冯·谢林（Friedrich Wilhelm Joseph von Schelling，1775—1854），正忙着向世人传播自己关于自然界统一性的信念。

在 1800 年发表的《动力过程的普遍演绎》（*Allgemeine Deduktion*

---

① 欧几里得和富兰克林也有类似的“传说”。在这个“传说”的其他版本中，提问者被换成了财政大臣或首相，而法拉第的回答则是：One day sir,you may tax it（总有一天，先生，你可以收它的税）。

des dynamischen Prozesses）中，这位德意志古典哲学巨匠雄心勃勃地发布了“自然哲学”（Naturphilosophie）的纲领：磁、电和化学相互作用的三个基本过程不断揭示了能动的自然界原初的分化与回归，恢复了它们的类比和关联，回溯了向“绝对的同一”（Absolute Identität）[①]。

1820年4月到7月，深受谢林思想影响的丹麦物理学家汉斯·克里斯蒂安·奥斯特（Hans Christian Ørsted，1777—1851）在哥本哈根大学（Københavns Universitet）的实验室里首开纪录，电流磁效应的发现拉开了统一电磁的序幕。随后，欧陆的“法国军团”亮相“战场”，安培（André-Marie Ampère，1775—1836）、毕奥（Jean-Baptiste Biot，1774—1862）、萨伐尔（Félix Savart，1791—1841）、拉普拉斯（Pierre-Simon Laplace，1749—1827）、阿拉果（Dominique François Jean Arago，1786—1853）……成一时风流。

英伦一隅，当法拉第知道奥斯特偶然发现电流可以使小磁针偏转的那一刻，“反其道而行之”的念头已在心里酝酿——由磁生电，正是统一电磁失落的对称性。这一强大的信念驱动法拉第在电池、磁铁、螺线管、线圈中寻求自然的真相……甚至在“电磁感应”大功告成之后，意犹未尽的他还不满足。1832年3月12日，法拉第致信皇家学会[②]：

不久前在皇家学会宣读了题为《电学实验研究》的两篇论文，文中介绍了一些研究成果，以及由其他观点和实验引发的一些问题，这促使我相信磁作用的传播需要时间，即当一块磁铁作用于远处另一块磁铁或铁时，施加影响的原因（我暂且称之为磁）是逐渐从磁体传播出去的，这种传播需要时间，这种机制可能会被发现是非常合理的。

我还认为，我有理由假设电感应（电紧张）的传播也遵循相似的

---

① “自然哲学”（Naturphilosophie）和“先验观念论”（Transcendentalen Idealismus）两条路径最终通向谢林的“同一哲学”（Identitätsphilosophie）。

② 这封信在英国皇家学会档案馆中尘封了上百年，直到1938年才重见天日。

路径。我倾向于将一个磁极的磁力传播比作受扰动的水面振动，或空气中的声现象；也就是说，我倾向于认为振动理论将会像应用于声现象那样应用于这些现象，甚至最可能应用于光现象。[22]

除了用“振动”统一磁、电和光外，法拉第还有更大胆的计划——1850年11月28日，他在皇家学会宣称：

古老而不变的信念，自然界所有的力相互依存，具有一个共同的起源，或者作为同一基本潜力的不同表现，这使我时常思考构建某种可能性，通过实验建立一个重力和电力的关联，并将它们纳入还包括磁力、化学作用和热在内的一个系列中，通过共同的关联将如此多种多样力的表现统一起来。①[23]

我们在今天重读仍然感到“不寒而栗”。法拉第拒绝成为不列颠的第二任“教宗”，却不可避免地成了超越时代的“先知”。

“先知”必须付出他的代价，法拉第在自己许下的“重诺”前无能为力。那些惊世骇俗的“奇思妙想”成了学界的笑柄——无可奈何的法拉第只能等待，等待一个人的到来……

各自的角色

在物理学史上，法拉第被视为最伟大——甚至容不下“之一”——的实验物理学家，和他前辈罗伯特·胡克一样，都是不列颠科学经验主义传统的经典化身。这两位没有时间交集的学者，一生有许多奇妙的共同点：同样出身寒门，同样数学基础薄弱，同样是各自时代最杰

---

① 这是一次失败的实验，但并未动摇法拉第的信念。该文收录在《电学实验研究》(Vol. Ⅲ, Ser. XXⅣ) 中。

出化学家玻义耳与戴维的“得意门生”……不同之处似乎只在一点，却造成两人天壤之别的历史地位——两个具有几乎相同才华却性格迥异的学界晚辈：一位是“高处不胜寒”的伊萨克·牛顿，而另一位是他剑桥的校友，詹姆士·克拉克·麦克斯韦（James Clerk Maxwell，1831—1879）——不用怀疑，在任何涉及这个人的描述中都有一个如影随形的由衷称谓——天才！

天才在公元1831年6月13日生于苏格兰爱丁堡（Edinburgh, Scotland），五个月后法拉第在伦敦揭示了他的“电磁感应”。与牛顿作为同行的“噩梦”不同，天才麦克斯韦的到来几乎是前辈科学家的福音。1871年，被聘任为剑桥大学物理学教授的麦克斯韦着手进行人生中最后一项重要的工作。通过他的辛勤工作，一位隐藏在历史迷雾中的实验物理学家走入了人们的视线，最博学的富豪、最富有的科学家，亨利·卡文迪许（Henry Cavendish，1731—1810）的雕像回到了物理学殿堂，不列颠科学在牛顿纪元后缺失的那一页终于被补上了。

这位沉默寡言的学者留下的20卷科学手稿，在尘封多年后，经麦克斯韦的整理而重现人间——当法兰西精英在构筑电磁学或电动力学大厦的时候，一位海那边的孤僻绅士已经预言了这个新兴领域几乎所有的重要事实……1874年，倾尽麦克斯韦最后心血的剑桥大学卡文迪许实验室（Cavendish Laboratory）正式落成，麦克斯韦出任首任实验室主任。今天，这里是世界物理学研究的中心之一。

1860年秋天，“电磁感应”已经诞生了29年。垂暮的法拉第在家中接见了专程前来拜访的麦克斯韦。之前他已经和这位年轻的学者通过信，这个年轻人的到来唤起了年届七旬的老人尘封多年的夙愿——那些惊世骇俗的“奇思妙想”。

两人的会面好像是历史刻意安排的一幕戏剧，既是“维多利亚时代”（Victorian Era）的传奇剧，又是经典物理学的历史剧，出场与没有出场的演员分别扮演了三个重要角色：

伊萨克·牛顿爵士——饰“亚里士多德”，备注：不出场；

迈克尔·法拉第——饰“伽利略”，备注：除了数学外，当之无愧；

詹姆士·麦克斯韦——饰“牛顿”，备注：没错，就是“牛顿”。

故事背景：1855年到1856年，24岁的麦克斯韦发表了他在电磁理论领域的第一篇论文——《论法拉第的力线》（*On Faraday's Lines of Force*）。

舞台布景：“伽利略”家的客厅，墙上挂着一幅亚里士多德的画像。

“牛顿”（崇拜地、谦恭地）：您对我的论文有什么看法？

“伽利略”（和蔼地、中肯地）：谢谢你，年轻人。如果没有你，也许我的“力线”将沉寂在黑暗之中，永远无人问津。我欣赏你的数学，那是我不具备的一门语言。但我必须坦率地表明自己的隐忧，过多的数学是否会破坏一个美妙概念背后的物理本质？

“牛顿”（自言自语）：可是数学是物理学的语言呀……

“伽利略”（微笑地）：我的意思，“翻译”不应该成为你工作的重心。虽然，目前我们已经认识到了电与磁之间的相互转化，但这远远不够。自然界是统一的，我们不能止步于此。“力线”是为了解释电磁相互作用而诞生的，但也许它还可以发挥更大的作用。自然的统一才刚刚开始，你应当看得更远。比如光，有些人说是粒子，有些人说是波，也许……

“牛顿”（急切地）：也许什么？

“伽利略”（不愠不火地）：也许需要一个公正的判决……也许它就是空间的某种性质，或者说“力线”的某种性质……

“牛顿”与“伽利略”陷入了沉思，客厅归于安静。

砰！——亚里士多德的画像突然落下。

（大幕下）

尾声：

1861年到1862年，麦克斯韦发表了第二篇电磁学论文《论物理的力线》(*On Physical Lines of Force*)。

1865 年，他发表了第三篇电磁学论文《电磁场的动力学理论》(*A Dynamical Theory of the Electromagnetic Field*)。

1873 年,《电磁通论》(*A Treatise on Electricity and Magnetism*)问世，这是经典物理时代的第二部《自然哲学之数学原理》。

至此，麦克斯韦构建起了一个完整的电磁学理论体系，不仅完成了对法拉第思想最准确的数学表达，而且创造了一种全新的物理学模式。

预言

1864 年 12 月 8 日，麦克斯韦在皇家学会宣读了《电磁场的动力学理论》。在这篇总结性的论文中，麦克斯韦在《论法拉第的力线》和《论物理的力线》的基础上，回顾了从富兰克林到法拉第的已有成就，用数学语言重构了整个电磁学和电动力学体系。在这篇论文的第三部分，他将前人与自己的成果修订、整理、推广为空间直角坐标系下的 20 个标量方程:

$$p' = p + \frac{\mathrm{d}f}{\mathrm{d}t}, q' = q + \frac{\mathrm{d}g}{\mathrm{d}t}, r' = r + \frac{\mathrm{d}h}{\mathrm{d}t}$$

$$\mu\alpha = \frac{\mathrm{d}H}{\mathrm{d}y} - \frac{\mathrm{d}G}{\mathrm{d}x}, \mu\beta = \frac{\mathrm{d}F}{\mathrm{d}z} - \frac{\mathrm{d}H}{\mathrm{d}x}, \mu\gamma = \frac{\mathrm{d}G}{\mathrm{d}x} - \frac{\mathrm{d}F}{\mathrm{d}y}$$

$$\frac{\mathrm{d}\gamma}{\mathrm{d}y} - \frac{\mathrm{d}\beta}{\mathrm{d}z} = 4\pi p', \frac{\mathrm{d}\alpha}{\mathrm{d}z} - \frac{\mathrm{d}\gamma}{\mathrm{d}x} = 4\pi q', \frac{\mathrm{d}\beta}{\mathrm{d}x} - \frac{\mathrm{d}\alpha}{\mathrm{d}y} = 4\pi r'$$

$$P = \mu\left(\gamma\frac{\mathrm{d}y}{\mathrm{d}t} - \beta\frac{\mathrm{d}z}{\mathrm{d}t}\right) - \frac{\mathrm{d}F}{\mathrm{d}t} - \frac{\mathrm{d}\psi}{\mathrm{d}x}, Q = \mu\left(\alpha\frac{\mathrm{d}z}{\mathrm{d}t} - \gamma\frac{\mathrm{d}x}{\mathrm{d}t}\right) - \frac{\mathrm{d}G}{\mathrm{d}t} - \frac{\mathrm{d}\psi}{\mathrm{d}y},$$

$$R = \mu\left(\beta\frac{\mathrm{d}x}{\mathrm{d}t} - \alpha\frac{\mathrm{d}y}{\mathrm{d}t}\right) - \frac{\mathrm{d}H}{\mathrm{d}t} - \frac{\mathrm{d}\psi}{\mathrm{d}z}$$

$$P = kf, Q = kg, R = kh$$

$$P = -\rho p, Q = -\rho q, R = -\rho r$$

$$e+\frac{\mathrm{d}f}{\mathrm{d}x}+\frac{\mathrm{d}g}{\mathrm{d}y}+\frac{\mathrm{d}h}{\mathrm{d}z}=0$$

$$\frac{\mathrm{d}e}{\mathrm{d}t}+\frac{\mathrm{d}p}{\mathrm{d}x}+\frac{\mathrm{d}q}{\mathrm{d}y}+\frac{\mathrm{d}r}{\mathrm{d}z}=0$$

第1组是三个总电流方程；第2组是三个磁力方程，描述磁场的高斯定理（Gauss' Theorem）；第3组是三个电流方程，与总电流方程结合，描述安培环路定理（Ampere's Loop Theorem）；第4组是三个电动力方程，描述法拉第电磁感应定律；第5组是三个电弹性方程，即电介质方程；第6组是三个电阻方程，即欧姆定律（Ohm's Law）；第7组是一个自由电量方程，描述电场的高斯定理或库仑定律（Coulomb's Law）；第8组是一个连续方程，描述电荷守恒定律，其中总电流方程、磁力方程、电流方程、电动力方程和自由电量方程被后人命名为"麦克斯韦方程组"（Maxwell's Equations）。

麦克斯韦的工作并不仅仅限于对前人成果做数学上的翻译和整理。早在《论法拉第的力线》中，他就继承了谢林和法拉第的宏大目标，规划了自己的路径——"物理类比"（physical analogy）：

为了获得不依赖固有理论的物理学新概念，我们必须善用"物理类比"。所谓"物理类比"，是指利用科学规律之间的局部相似性，用它们中的一个去说明另一个。因此，所有的数理科学要建立在物理学规律与数学规律之间关系的基础之上，所以精密科学的目的在于将自然界的难题以数的手段还原为量的判断。通过最普遍的类比到极小的局部，我们发现正是两种不同现象相同的数学表达形式催生了光的物理学理论。[24]

法拉第为形象描述电力和磁力近距或定域作用（local action）而引入的"力线"，走到了同时代数学家的前面，催生了现代意义上"场"（field）的概念。麦克斯韦通过电磁学规律与流体力学规律的类比——

就像牛顿当年建立“流数术”那样，将前人描述电磁和磁场性质而引入的各种物理量分门别类，为电磁规律统一的数学描述建立了“语言”基础。在这套新的“语言体系”下，一方面，麦克斯韦在定量表达法拉第电磁感应定律时引入了“涡旋电场”（vortex electric field），揭示了“磁生电”的理论实质是变化的磁场激发了涡旋电场。另一方面，可能源于对称性的要求——如同法拉第一直坚持的那样，麦克斯韦在没有任何实验依据的情况下为变化的电场引入了“位移电流”（displacement current）——“不依赖固有理论的物理学新概念”。由此，麦克斯韦建立了完备的方程组，就像当年牛顿在《原理》中对万有引力定律的处理一样，他把一个法拉第与自己共享的“奇思妙想”很自然地从他的方程组里引了出来[①]：

$$k\nabla^2\mu\alpha=4\pi\mu\frac{\mathrm{d}^2}{\mathrm{d}t^2}\mu\alpha,k\nabla^2\mu\beta=4\pi\mu\frac{\mathrm{d}^2}{\mathrm{d}t^2}\mu\beta,k\nabla^2\mu\gamma=4\pi\mu\frac{\mathrm{d}^2}{\mathrm{d}t^2}\mu\gamma$$

这便是磁场的波动方程，电场的波动方程也是如此，它表明变化的电场激发变化的磁场，变化的磁场激发变化的电场……如此往复循环形成时空里的交响曲——“电磁场”（electromagnetic field），如法拉第当年大胆的设想，以波的形式在时空中传播。

麦克斯韦计算了这个目前还是“数学构造物”的电磁场在真空中的传播速率：

$$\sqrt{\ /4\pi\mu}\quad 310\,740\,000\,\mathrm{m/s}$$

光！

当时，光在空气中传播速率的测量值是 314 858 000 米 / 秒。

此刻，逻辑论证纯属多余，光就是空间中传播的电磁场——又一个“先知”降临了，麦克斯韦留下了他最伟大的预言。就像开普勒的三个定律终结了纠缠千年的“日”与“地”之争，这个预言将为牛顿与胡克及其后继者之间喋喋不休的争论画上一个“阶段性”的句号，

① 在建立方程组之前，麦克斯韦已经在《论物理的力线》中借助弹性介质的类比得出了这个结论。

电学、磁学与光学“三国归晋”。

但是，麦克斯韦等不到那一天了……

陨落

法拉第的实验笔记终止于 1862 年 3 月 12 日。常年辛劳累积而成的神经衰弱，加速了法拉第的衰老，他不得不彻底离开实验室，离开那些陪伴他大半辈子的电池、磁铁、线圈还有无数瓶瓶罐罐子……自 1820 年始的 42 年间，他留下了 10 卷本的研究手稿，经后人整理成约 3300 页 8 卷本的《法拉第日记，关于实验探究的各种哲学笔记》（*Faraday's Diary，Being the Various Philosophical Notes of Experimental Investigation*），于 1932—1936 年陆续出版。

法拉第是幸运的，他最终等到了理解自己思想的那个人，他可以放心离去了，不带任何遗憾。

1867 年 8 月 25 日，平凡的人走完了不平凡的一生。在书房的椅子上，76 岁的迈克尔·法拉第睡着了，永远地睡着了……他的神态是如此安详，有老人的淡然，也有孩童的喜悦。

德不孤，必有邻。

——《论语·里仁》

生前拒绝了皇室的恩宠——威斯敏斯特教堂的“永久席位”，也就拒绝了伴驾牛顿的荣耀。按照法拉第的遗愿，亲人们将他安葬在伦敦北郊的海格特公墓（Highgate Cemetery），没有盛大的葬礼，没有华丽的墓志铭。

法拉第并不孤独，在这里一样有伟大的灵魂与之为伴。1883 年 3 月 17 日，一位德国犹太裔流亡者被安葬于此，他的名字叫卡尔·马克思（Karl Marx，1818—1883）。他的墓碑上有这样一句话①：

哲学家们只是用不同的方式解释世界，而问题在于改变世界。[25]

我们都知道，他不是物理学家，但与法拉第一样，他们都用思想改变了这个世界。

麦克斯韦就没有那么走运了。无情的历史不打算重演那个感人的温馨场景——在客厅的沙发上坐着功成名就、垂垂老矣的麦克斯韦，他在等待，等待一个青年学者造访，等待物理学一个新的希望……

他等不了了！

1879年11月5日，近代物理学史上最激动人心的一年、最阴郁的一天，詹姆士·麦克斯韦在病痛中告别了这个世界。他完成了法拉第的嘱托，却与自己的知音失之交臂……

等待

我灵魂的触须
交织于你的思绪，即使远隔万里，
如盘旋的回路萦绕于指针，我的心。
如丹尼尔永恒，如格罗夫固执，
像斯米那样在灵魂深处的热情，
涌出潮水的爱意，我的心，
一切汇流向你。
请告诉我，这诗句，这胸中飞出的消息，
可有电流在你心间感应？

---

① 这句名言出自马克思1845年完成的《关于费尔巴哈的提纲》（Thesenüber Feuerbach），原文为：Die Philosophen haben die Welt nur verschieden interpretiert, es kömmt drauf an, sie zu verändern。

你快滴答一声，终止我的焦虑。
穿过一个又一个伏特的韦伯，
是回音，
我，你的真诚而忠实的法拉，
充满一伏特，是爱，献给你。[26]

——麦克斯韦 《克拉克先生致克拉克夫人的电报情诗》①

在这个新时代降临的前夜，在电磁学最后一幕“历史剧”中，麦克斯韦将扮演不出场的“卡文迪许”，而“麦克斯韦”这个角色将由一位犹太裔德国人来塑造，他的名字叫海因里希·鲁道夫·赫兹（Heinrich Rudolf Hertz，1857—1894）。这是一个更为短暂的生命，却不影响他放射耀眼的光芒。

为了判决两个版本的电磁理论——法拉第、麦克斯韦近距作用的“英国版”与诺依曼、韦伯超距作用的“德国版”。1886—1888 年，赫兹完成了系统的实验与理论研究，最终全面验证了麦克斯韦电磁理论及其预言，并与奥利弗·亥维赛（Oliver Heaviside，1850—1925）先后给出了麦克斯韦方程组为我们大家所熟知的现代（微分）形式：

$$\nabla \cdot \boldsymbol{D} = \rho$$

$$\nabla \times \boldsymbol{E} = -\frac{\partial \boldsymbol{B}}{\partial t}$$

$$\nabla \cdot \boldsymbol{B} = 0$$

$$\nabla \times \boldsymbol{H} = \boldsymbol{J} + \frac{\partial \boldsymbol{D}}{\partial t}$$

你不一定能看懂这些符号②，但你应该知道这是物理学有史以来如

---

① *Valentine by a Telegraph Clerk to a Telegraph Clerk*，诗题中两个 Clerk 代指 James Clerk Maxwell 和他的妻子 Katherine Clerk Maxwell（1824—1886），亦有“电报员”之意。诗中的“丹尼尔”“格罗夫”“斯米”代指三种化学电池；伏特是电压的单位，韦伯是磁通量的单位，法拉是电容的单位。

② 有一个玩笑：将一个处于睡眠中的人唤醒，让他写麦克斯韦方程组，若写不出来，他一定算不上物理学家。当然，若写得出来也不一定是物理学家。

诗一般最优美的语言。

然而真正的知音还是没有出现，麦克斯韦依旧在等待，等待人类智慧的曲线再次经过笛卡儿留下的“坐标”，等待一个1879年3月14日降世的婴儿走上历史的舞台……

骑士的谢幕

破风车散落在地平线，
平原的尽头。
冲啊！
“盛装”的骑士，
我心爱的“骏马”
——浩浩平沙，一骑绝尘！
为什么要呼喊？
我忠顺的仆人。

堂·吉诃德、罗西南多、桑丘·潘沙，好一幅“古道西风瘦马”——灯影摇曳中，冷眼旁观的塞万提斯（Miguel de Cervantes Saavedra，1547—1616）平静地写下：

别了，骑士的时代……

狭路相逢

维也纳，欧洲的古典之都。这里汇聚了海顿、贝多芬、莫扎特、舒伯特、大小施特劳斯……空气中弥漫着鲜花与芳草的味道，耳畔萦绕着管风琴与小提琴奏鸣的音符。

1895年的维也纳大学（Universität Wien），这种优雅的宁静被打破了。这一年的5月5日，奥匈帝国皇帝弗兰茨·约瑟夫一世（Franz JosephⅠ，1830—1916）下诏，任命恩斯特·沃德弗里德·约瑟夫·文泽尔·马赫（Ernst Waldfried Josef Wenzel Mach，1838—1916）为维也纳大学教授，主持专为他而设置的讲座“哲学，尤其是归纳科学的历史与理论”（*Philosophie, insbesondere Geschichte und Theorie der induktiven Wissenschaften*）。

走出丧子之痛的学者，携第一流“哲学家”之声望回归了母校——虽然，马赫本人极度排斥“哲学家”的称谓，在代表作《感觉的分析与物理的到心理的之关联》（*Die Analyse der Empfindungen und das Verhältnis des Physischen zum Psychischen*，1886）和《认识与谬误，心理学研究纲要》（*Erkenntnis und Irrtum, Skizzen zur Psychologie der Forschung*，1905）中，他反复将自己的学问归结为“自然科学的方法论和认知心理学”（naturwissenschaftlichen Methodologie und Erkenntnispsychologie）。

智慧的归来是维也纳的一件盛事，几乎一夜之间，他的实证论（positivism）或现象论（phenomenalism）信仰、他对人类心灵的关照，以及他对牛顿体系不留情面的批判都成为青年人竞相追逐的潮流——恩斯特·马赫，精神偶像般的存在。

10月21日，为马赫就职演说准备的维也纳大学演讲厅人山人海，为了一睹智慧的尊荣，无数追随者把这里围堵得水泄不通。数学、物理、化学、哲学、医学、生物学、历史学……知识背景五花八门的学生汇聚到马赫的讲台下，在深邃而不失明晰的思想与简洁却不乏优美的语言中如痴如醉……

校园僻静之一隅，冷清的教室内，约瑟夫·斯特番（Josef Stefan，1835—1893）的继任者、维也纳大学理论物理教授——路德维希·爱德华·玻尔兹曼（Ludwig Edward Boltzmann，1844—1906）望着窗外不远处的喧嚣，轻声叹了口气。

旷野，站立着两位提剑的骑士——决斗已经不可避免了！

启蒙之剑

臣之剑，十步一人，千里不留行。

——《庄子·杂篇·说剑》

骑士——恩斯特·马赫，身后隐隐可见不列颠怀疑论宗室大卫·休谟（David Hume，1711—1776）与法兰西实证论宗师奥古斯特·孔德（Isidore-Auguste-Marie-François-Xavier Comte，1798—1857）。他把科学的任务限定于用数学函数——“变量”（Variablen）之间的关系——对经验到的事物关系进行“表述”（Beschreibung），遵循“思维经济原则”（Prinzip der Denkökonomie）①的“表述”才能通向“世界的固定不变性”（beharrende Unveränderlichkeit der Welt），而那些基于因果关系的“解释”（Erklärung）、那些对离开经验的“物自体”（Dinge an sich）的迷恋，不过是形而上学的虚妄罢了。

在1883年出版的巨著《从历史批判角度展现的力学发展》（*Die Mechanik in ihrer Entwicklung historisch-kritisch dargestellt*）中，马赫把“剑”指向了统治“理性帝国”两个世纪的“不列颠教宗”——伊萨克·牛顿。

这第一“剑”，源自马赫早年的《论质量的定义》（*Über die Definition der Masse*，1868）——“质量”，直到19世纪仍然是“物质的量”的同义词，是经典力学基座上的第一块砖，牛顿在《原理》中给出的第一个定义：

定义Ⅰ　物质的量是源于同一物质的密度和大小联合起来的一种度量。[27]

① 马赫认为，科学的任务应当追求以尽可能小的思维上的消费来尽可能完善地表述。

与之密切相关的是“惯性”或“物质固有的力”：

定义Ⅲ 物质固有的力是一种抵抗的潜力，通过它每个物体尽可能保持它自身的或静止或匀速直线运动的状态。[28]

约半个世纪后，牛顿的代言人、拉普拉斯口中的“万世师表”（notre maître à tous）①，列昂哈特·欧拉（Leonhard Euler，1707—1783）在《力学或运动科学的分析阐释》（*Mechanica sive motus scientia analytice exposita*，1736）第一卷的“命题 17”（PROPOSITIO XⅦ）中给出了定理：

定理 任一物体的惯性力正比于它所依赖的物质的量。[29]

在随后的“证明”（DEMONSTRATIO）中，欧拉重构了质量定义：

惯性力是任一物体中的一种力以保持静止或匀速运动状态。因此，它可以用施于这个物体的改变原来状态的外力来估量。实际处于各自原来状态的不同物体受到迫使其改变的外力与它们所包含的物质的量相当。因此它们的惯性力与这些外力成正比。故而，物质的量也与这些外力成正比。证毕。[30]

换而言之，欧拉选择用外力来度量“质量”②。

对马赫而言，无论在牛顿的体系还是欧拉的体系，“物质的量”和“力”是无法经验到的存在，由此度量的“质量”，无异于空中楼阁——实际上，随着历史发展，即使在那些还被称为“力学”的物理

① 据说，拉普拉斯曾说过 Liesez Euler, Liesez Euler, c’est notre maître àtous（去读欧拉，去读欧拉，他是“万世师表”）。

② 实际上，我们熟知的牛顿第二定律的数学关系 $F=ma$ 或 $a=F/m$ 正是欧拉首先表述的，而质量 m 可以被定义为外力 F 与加速度 a 的比例系数。

分支中，“力”被调用的机会也在日益下降①。

故君子之治人也，即以其人之道，还治其人之身。

——朱熹《中庸章句》

最终，马赫选定的方案依托于牛顿自己的第三定律——与绝大部分人的印象不同，第三定律里根本没有或者说不需要“力”：

定律III 每个作用存在总是相反且相等的反作用：或两个物体之间存在总是相等且指向对方的相互作用。[31]

借助可观测的加速度，马赫给出了质量的可操作定义——两个存在相互作用的物体，如果产生了相等且相反的加速度，则定义两个物体具有相等的质量②。如果质量为 m 的物体 A 与质量为 m' 的物体 B 存在相互作用，彼此产生加速度 φ 和 φ'，则：

$$\frac{}{'} = -\frac{'}{}$$

由此，我们可以选定 A 作为质量单元 m_0，则 B 的待测质量

$$m = -\frac{'}{}m$$

这正是马赫的实证论要求的“操作性”，未来它将无处不在。

马赫的第二“剑”，直接砍向虚无缥缈的“绝对空间”（spatium absolutum）和“绝对运动”（motus absolutus）——牛顿提着他的“水桶”（situla）上场了：

① 比如分析力学、热力学、电动力学、统计力学、量子力学……

② 类似地，在热力学中，利用系统之间的热平衡或热力学第零定律定义两个系统具有相等热力学温度，以之为测温的基础。

如果用一条足够长的绳悬挂一只桶，且桶持续转动，直到绳被拧紧，再注入水，且桶与水共同静止；然后，另一个力突然使桶反向转动，且绳舒张时，这个运动会持续一段时间；刚开始时水面是平坦的，与桶运动之前一致。然而此后桶通过逐渐施力于水，使水开始明显旋转，逐渐离开中心，并沿着桶壁上升，形成凹面（如我曾实验过的那样），且转动越快，水上升得越高，直到它与桶同步旋转，相对静止。水的上升揭示了它离开转动轴的趋势，且由这样的趋势可以知道并度量水的真实的和绝对的圆周运动，与它相对运动的方向相反。[32]

看，绝对空间里的绝对运动！——牛顿指了指正在沿桶壁上升的水，他坚信这种离心现象是一种绝对的、真实的运动，它是绝对空间的证据。

马赫笑了笑，他用“剑”指了指头顶的星空——先生，引力！

在马赫的体系里，牛顿期望中的“绝对运动”是在一个绝对的“虚空”中的孤立物体的运动，这是不可观测的、形而上的“彼岸世界”。桶中水可观测的离心趋势不过是相对于遥远的星空背景，驱动水离心的“惯性力”其实就是那些硕大天体对水的引力作用罢了。剩下的事情，就是建立定量的动力学关系了……

牛顿在这一“剑”中看到了宿敌莱布尼兹与贝克莱的身影，而马赫并没有走向“教宗”的宝座，他已然收起了寒光逼人的“宝剑”。作为一个“启蒙者”——“力学中的伏尔泰”，纵有千般无奈，他也不得不与麦克斯韦一道等待，等待同一位知音来破解这“惊世剑招”的奥妙！

卫道士

至大无外，谓之大一；至小无内，谓之小一。

——《庄子·杂篇·天下》

玻尔兹曼感受到了前所未有的压力，在滚滚的时代大潮前，他选择了逆流而上，像一个“旧时代”的卫道士那样，捍卫古老的“还原论”（Reductionism）——作用的背后有实体，现象的背后是本质！

这确实是太古老了，甚至比苍老的苏格拉底还要古老……大约在公元前5世纪，留基伯（Leucippus，约公元前5世纪）的传人，德谟克利特逃离了变幻莫测的现象世界，毅然闭上了自己的双眼。这是一个“仪式”，告别身的感官，通向思的神性。他把自己囚禁在永恒的黑暗之中，因为在这里宇宙的图样分外清晰——无限寂寥的“虚空”（κενό）与不可分割的“原子”（ἄτομον）①，缤纷万象不过是虚空中原子的聚散离合，你看不见它们，但它们构成了整个世界！

自此，从伊壁鸠鲁（Epicurus，公元前341—前270）到卢克莱修（Titus Lucretius Carus，公元前99?—前55?），从玻义耳到拉瓦锡，从笛卡儿到牛顿……后继者在不同的场合复现德谟克利特的“仪式”，构造各自的“微粒哲学”——1808年，人们在新出版的《化学哲学的新体系》（*A New System of Chemical Philosophy*）中，听到一位“红绿色盲”，约翰·道尔顿（John Dalton，1766—1844）再一次“重复”盲人德谟克利特的话：

> 化学分析与合成不外乎是微粒的分离与聚合。化学作用既不创生也不消灭物质。我们不妨把创造或毁灭一个氢微粒比作在太阳系里引入一个新的或摧毁一个久的行星。我们可以制造所有的变化，包括分离那些处于凝聚或组合状态的微粒，联结那些原本远离的微粒。[33]

现在，轮到玻尔兹曼了，这个“笃信原子的人”（the man who trusted atoms），选择了“原子”，选择了把自己囚禁于黑暗，选择了背水一战。

---

① 希腊语的 ἄτομον 由表否定的前缀 ἀ-与τέμνω（“切割”）组成，拉丁语转写为 atomum，即现代英语中的 atom。1902年，严复在翻译《穆勒名学》（*A System of Logic*，1843）时，将之意译为“莫破”。

你见过原子吗？

1895 年 9 月，玻尔兹曼来到吕贝克（Lübeck），参加了德国博物学家与医生协会第 67 届大会（Verhandlungen der Gesellschaft deutscher Naturforscher und Ärzte）——这里，潜伏着恩斯特·马赫的“代理人”，他的至交好友兼学术死敌，多才多艺的德裔俄国学者[①]，弗里德里希·威廉·奥斯特瓦尔德（Friedrich Wilhelm Ostwald，1853—1932）——他是现代物理化学的奠基人，与荷兰的范霍夫（Jacobus Henricus van't Hoff，1852—1911）、瑞典的阿伦尼乌斯（Svante August Arrhenius，1859—1927）并称风流。

这是一次扑朔迷离的会议，即使在当年亲历者的回忆中依然充满了矛盾与混乱。

作为物理化学家的奥斯特瓦尔德首先发难。在题为《克服科学中的物质主义》（*Die Überwindung des wissenschaftlichen Materialismus*）的演讲中，他现身说法，鞭挞古老的原子论。也许是向批判者与启蒙者马赫致敬，奥斯特瓦尔德首先将“剑”刺向了自牛顿以来的机械自然观（mechanical view of nature）——宇宙是一台服从力学法则的机械，在抨击了割裂主体与客体的“牛顿宇宙”之后，他以饱满的激情向与会者隆重推出了自己的替代产品——“能量学”（Energetik），它受启发于美国学者吉布斯（Josiah Willard Gibbs, Jr.，1839—1903）的“化学势”（chemical potential）与“自由能”（free energy）[②]，甚至可以追溯到莱布尼兹的“活力”（vis viva）：物质不过是能量的一种表现形式！

他甚至期望以化学，尤其是物理化学，来统摄诸学——所有现象

① 奥斯特瓦尔德和楞次都属于俄罗斯帝国（沙皇俄国）统治下的“波罗的海日耳曼人”（Baltic German）。

② 但是，奥斯特瓦尔德似乎没有注意到这些热力学概念的适用条件，他也没有区分表征状态和过程的物理量。

不过是不同形式能量的转化。在三卷本自传《生命轨迹》(*Lebenslinien: Eine Selbstbiographic*)中，古典气质的奥斯特瓦尔德以极具天赋的文笔与小说家般的想象力，为后人描绘了“能量学”诞生的神圣时刻——我们看到了一场苏格拉底式的觉悟：

初夏之晨，1890。
我沐浴在和煦的阳光，
看彩蝶纷飞，听鸟儿鸣唱。
精神洋溢，
是生命活力的释放。
金色瞬间，
是闪现的灵光。
世界的秩序，
是能量，
统帅一切存在与现象。

除了数学家克莱因（Felix Christian Klein，1849—1925）外，玻尔兹曼深知自己孤立无援：这是一场没有胜算的决斗——一对一的单挑变成了群起而攻之的绝境，混乱的记忆就诞生于力量悬殊的对抗。

玻尔兹曼，单枪匹马冲入了敌人的战阵。面对马赫旗帜下声势浩大的能量学军团，孤胆英雄发起了悲壮的反冲锋……而不远处的山冈上，物理军团开始集结。这是一支年轻的队伍，如未来的巨擘马克斯·卡尔·恩斯特·路德维希·普朗克（Max Karl Ernst Ludwig Planck，1858—1947）、索末菲（Arnold Johannes Wilhelm Sommerfeld，1868—1951）……然而除了有限音量的摇旗呐喊外，他们什么也做不了。很多年后，我们在这些当年的“旁观者”口中，听到的只是滤去了悲剧色彩的荣耀。

该来的人始终是要来的——在几轮冲杀中伤痕累累的玻尔兹曼，依稀看到了奥斯特瓦尔德身后的那个人。

恩斯特·马赫慢悠悠地上场了，依旧带着他那把寒气逼人的“宝剑”——对他而言，“原子”仅仅是一种“辅助概念”（Hilfsbegriff）或“工作假设”（Arbeitshypothese）。

你见过原子吗？[34]

玻尔兹曼无奈地摇了摇头，但他并不甘心——

也许明天……

马赫的“剑”已经横在玻尔兹曼的咽喉——

明天？你连明天是否会出太阳都不知道！

熵

这是两位奥地利骑士的对决，前史可以追溯到18世纪下半叶以来又一场“英法百年战争”（Hundred Years' War①）……

1824年，拿破仑时期的名将②、数学家拉扎尔·卡诺伯爵（Lazare Carnot，1753—1823）的长子萨迪·卡诺（Nicolas Léonard Sadi Carnot，1796—1832）发表了《关于火之驱动能力的思考兼论提高相应机械的能力》（*Réflexions sur la puissance motrice du feu et sur les machines propres à développer cette puissance*）。面对工业革命以来蒸蒸日上的英国，年轻的法国军事工程师在这篇开创热力学的论文中写道：

对这类机械的研究将带来最大的利益，它们的重要性不可估量，它们日益普遍的应用，注定在文明世界掀起一场伟大的革命……当今从英国夺走他们的蒸汽机，相当于夺走煤和铁；相当于切断他们的财源，摧毁他们繁荣的根基；相当于毁灭无可比拟的国力。比较起来，

① 历史上的“英法百年战争”是指1337—1453年长达116年间、英格兰的金雀花王朝（House of Plantagenet）与法兰西的瓦卢瓦王朝（House of Valois）之间的一系列军事冲突。

② “拿破仑时代的名将”并非一般意义上的将领能当得起的称谓。

消灭他们倚为屏障的海军，或许还算不上致命。[35]

杀气腾腾的萨迪·卡诺为了他的法兰西，殚精竭虑地思索蒸汽机这类热机的效率问题，借助拉瓦锡的“热质说”，考虑只在两个热源间经历等温和绝热过程的理想热机所能达到的最大效率，他发现：

热的驱动能力无关乎实现它所用的工作介质；其量值只由热质在其间传输的两个热源的温度决定。[36]

遗憾的是，大革命以来持续动荡的法兰西没有来得及珍视他们英年早逝的天才。直到十余年后，萨迪·卡诺的“遗珠”才经由另一位法国矿业工程师克拉伯龙（Benoît Paul Émile Clapeyron，1799—1864）在《论热的驱动能力》（*Mémoire sur la puissance motrice de la chaleur*，1834）中的重构，得以幽暗复明，渐渐发出光芒……然而，法兰西已经错失了机遇——上一次“百年战争”，实际获利的既不是英格兰，也不是法兰西，而是左右逢源的勃艮第公国（Duché de Bourgogne），这一次历史把机遇送给了统一进程中的德意志。

1865 年，苏黎世联邦理工学院（Eidgenössische Technische Hochschule Zürich）教授鲁道夫·尤里乌斯·艾曼努尔·克劳修斯（Rudolf Julius Emanuel Clausius，1822—1888）从克拉伯龙的文章中了解到卡诺的工作后，在《论机械观热理论的主方程各类适用形式的应用》（*Ueber verschiedene für die Anwendung bequeme Formen der Hauptgleichungen der mechanischen Wärmetheorie*）中为普遍的热力学系统正式定义了一个不依赖于路径的态函数：

$$\mathrm{d}S = \frac{\mathrm{d}Q}{T}$$

或许是为了纪念萨迪·卡诺，克劳修斯为这个新物理量选定的符号 S 正好就是 Sadi 的首字母。克劳修斯用 S 来表征能量“转化的内容”

（Verwandlungsinhalt），根据希腊语 τροπή（trope，“转化”），将之命名为 Entropie——熵①。

克劳修斯用熵重新表述了热力学第二定律（The Second Law of Thermodynamics），它表明：一个同外界既没有物质交换也没有能量交换的孤立系统，它的熵永远不会减少，如果经历理想的可逆过程则熵不变，如果经历自然界自发的不可逆过程则熵增加——这再次指向了英国物理学家威廉·汤姆逊（William Thomson，1824—1907）关于宇宙的一个可能终局的“预言”，他在《论太阳发热的寿命》（*On the Age of the Sun's Heat*，1862）中写道：

热力学第二定律涉及自然界不可逆行为的一个必然原则。它表明，虽然机械能是不灭的，但存在一个普遍的耗散趋势，导致热量的逐步增强和扩散，运动的停止，以及物质宇宙势能的枯竭。如果宇宙是有限的并且服从现有的规律，结果将不可避免地成为一种普遍静止与死亡的状态。[37]

当然，威廉·汤姆逊并不相信或者不愿意相信这样的终局，他“乐观”地表示：

但是，为宇宙中的物质广延设定一个极限是不可能的；因此科学宁可揭示，在涉及势能向可感知运动再向热量转化的作用下，一个无限空间里的无限过程；而非指明，像逐渐停摆直至永远静止的时钟那样，一个单一有限的机制。[38]

我们不知道，甚至不知道是否可以知道，宇宙的终局；我们只是

① 1923 年，德国物理学家鲁道夫·普兰克（Rudolf Alois Valerian Plank, 1886—1973）来华讲学，为其做翻译的我国物理学家胡刚复（1892—1966）先生首次将 Entropie 译为“熵”。

知道，那永恒的静止、死一般的沉寂将应验在一个人身上……

时间的尽头

真正严肃的哲学问题只有一个：那就是自杀。[39]

——阿尔贝·加缪《西西弗斯神话·荒谬与自杀》

从青年时代起，还原论和原子论的信徒玻尔兹曼就开始了极具挑战性的尝试。

1866年，在博士论文《论热理论第二定律的力学意义》（*Über die Mechanische Bedeutung des Zweiten Hauptsatzes der Wärmetheorie*）中，玻尔兹曼试图将热力学第二定律“还原”到分析力学的最小作用量原理（principle of least action）——这两个规律似乎都在暗示自然过程存在方向。在机械自然观的视角中，玻尔兹曼的尝试指向了一个激动人心的图景，而实际上它只是一次智力上的冒险。

随后，玻尔兹曼转向了麦克斯韦确立的气体动理学理论（kinetic theory of gases）。对当时的数学家、物理学家或化学家来说，“分子”（molecule）与“原子”没有结构上的差别，可以笼统地归为力学图像中的“物质微粒”。1860年，麦克斯韦在《气体动力学理论的例证》（*Illustrations of the Dynamical Theory of Gases*）中导出了气体在不同温度下分子数随运动速率的分布。1872年，玻尔兹曼发表了《关于气体分子热平衡的进一步研究》（*Weitere Studien über das Wärmegleichgewicht unter Gasmolekülen*），他试图从数学上证明，无论从何种分布出发，最终都会过渡到平衡态的麦克斯韦分布。为此，他引入了一个不会随时间增大的物理量H①，期望再次构造热力学第二定律的证明——这一次，他受到了来自老师洛施密特（Johann Josef

① 实际是一个泛函（functional），简而言之，即定义域为函数集的映射。

Loschmidt，1821—1895）的激烈批评。

1876年，洛施密特提出了“逆向驳斥”（Umkehreinwand）——在牛顿体系下，所有的动力学方程都是关于时间反演对称的。换而言之，即使时间流逝反向也不会改变任何动力学方程的数学形式，我们亦无法由任何力学规律判断时间的流向。如果在某一时刻，令系统的时间反演，即其中所有微粒的速度反向，那么将会出现熵减小和 H 增大的情况，也就是说牛顿体系下的分子或原子模型会产生与热力学第二定律相悖的结果。

我将使用“时间之矢”这个短语来表达在空间中无可比拟的时间的单向性。[40]

——爱丁顿 《物理世界的本质》

洛施密特的责难揭示了力学规律描述的微观机制与热力学描述的宏观现象的巨大鸿沟，可逆的微观世界如何过渡到不可逆的宏观现象，玻尔兹曼更深入地思考熵的本质——那是亘古的迷思，时间之矢……

1877年，玻尔兹曼连续发表了《关于机械观热理论一些疑难的评论》（*Bermerkungen über* einige *Probleme der mechanische Wärmetheorie*）与《论机械观热理论第二定律与概率运算或热平衡诸定理的关系》（*Über die beziehung dem zweiten Haubtsatze der mechanischen Wärmetheorie und der Wahrscheinlichkeitsrechnung respektive den Sätzen über das Wärmegleichgewicht*），他从统计的思路出发，把系统处于某个宏观状态的概率对应于原子在微观上组合的数目，而系统的平衡态对应于概率最大的状态，即微观组合数目最大的状态。为了完成概率运算，玻尔兹曼引入了一个比物质结构的“原子论”更大胆的一个假设：原子的动能只能取某个能量单元 ε 的整数倍 $p\varepsilon$——他并不知道，这个为运算方便引入的假设将在不远的未来启发后继者开创牛顿纪元后又一个新的世代……

若具有动能 $p\varepsilon$ 的原子数为 ω_p，则系统的总原子数 n 与总动能 L 分别为：

$$n=\omega_0+\omega_1+\omega_2+\cdots+\omega_p,\quad L=\lambda\varepsilon=(\omega_0\cdot 0+\omega_1\cdot 1+\omega_2\cdot 2+\cdots+\omega_p\cdot p)\cdot\varepsilon$$

将 λ 份能量单元 ε 分配给 n 个原子，得到系统的微观状态数：

$$W=\frac{n!}{\prod_p \omega_p!}$$

W 取最大值时对应的状态就是系统的平衡态，在能量单元 ε 趋于 0 的极限条件下，可以推导出平衡态的麦克斯韦分布。另外，根据克劳修斯重构的热力学第二定律，平衡态亦是系统熵最大的状态，也就说熵 S 应该随微观状态数 W 的增大而增大。熵与能量、质量等物理量同为广延量（extensive quantity），一个系统的总熵等于各部分熵之和，而根据计数原理（counting principle），一个系统的总状态数等于各部分状态数之积。综合考虑，令熵 S 与微观状态数 W 的对数成正比，可以写成：

$$S\propto\log W$$

它可以用来理解时间之矢——自然演化的方向，一个孤立系统自发的熵增对应于状态数的增加，即系统无序或混乱程度的增长[①]——如同威廉·汤姆逊的“预言”。

熵，
无情地奔向极大，
在原子的世界，
混乱，
是永恒的起点；
毁灭，
是时间的尽头。

① 这种无序或混乱程度的增长并非必然表现为实际空间中可见的无序或混乱程度的增长。也就是说，系统的熵增可以在实际空间中表现出可见的有序趋势。另外，系统总熵的不可见的增加可以表现为系统某个自由度上的可见的熵减。

玻尔兹曼将与麦克斯韦、马赫一道等待他们共同的“知音”，他为此付出了沉重的代价——时代大潮中孤独的逆流者，最终蜕变成一个孤立系统，他甚至察觉不到“知音”已经在1905年悄悄地登场，只有不断增加的熵，彻底的混乱，原子论的卫道士，古典时代的殉道者！

1906年9月5日，奥匈帝国治下的意大利杜伊诺（Duino）。在一家小旅馆里，62岁的玻尔兹曼用一截窗帘绳索，换取了疲惫心灵永恒的宁静……

假如，由于某种大灾难，所有的科学知识都丢失了，只有一句话传给下一代，什么样的表述才能用最少的词汇传递最多的信息呢？我相信是原子假设①（或者说原子事实，或随你怎样称呼），即万物构成自原子——处于永恒运动的小小微粒，当彼此略微离开时相互吸引，当彼此过于靠近时又互相排斥。在这一句话里，如果只动用一点点想象和思考，你会发现，其中蕴含有关世界的巨量信息。[41]

——费曼 《费曼物理学讲义·第一卷》

他的“敌人”替他等到了“知音”——1908年9月，第四版《普通化学概论》（*Grundriss der allgemeinen Chemie*）出版，奥斯特瓦尔德在他的“能量学”中接纳了“原子论”。

寂寞身后事

千秋万岁名，寂寞身后事。

——杜甫 《梦李白·其二》

玻尔兹曼死了——一个从来没有品尝过“苹果”滋味的骑士死了，

① 当然，孤立的“原子假设”还不足以描述世界。

他的墓碑上刻着追随者马克斯·普朗克完善的公式：

$$S = k\log W$$

k 被称为“玻尔兹曼常量”（Boltzmann Constant），那是连接微观世界与宏观世界的桥梁。

17 岁的维特根斯坦（Ludwig Josef Johann Wittgenstein，1889—1951）心灰意冷，他放弃了投身物理的志愿。后来，他被视为“维也纳小组”（Wiener Kreis）——20 世纪逻辑经验主义（Logical Empiricism）或逻辑实证主义（Logical Positivism）的中心——的精神导师，这个小组最终发展为“恩斯特·马赫学会”（Verein Ernst Mach）。

19 岁的薛定谔（Erwin Rudolf Josef Alexander Schrödinger，1887—1961）极度震惊，他第一次意识到孤独的恐惧，这种恐惧将在 1927 年的布鲁塞尔被唤醒。

1933 年 9 月 25 日，玻尔兹曼的得意门生、“时间之矢”的继承人——保罗·埃伦费斯特（Paul Ehrenfest，1880—1933），在对科学向他提出的任务力不从心之后，在不可自拔的消沉与沮丧中持枪闯进了医院的病房。这位开朗而活跃的物理学家、慈爱而温和的父亲，用两颗绝望的子弹结束了两个痛苦的生命——一个是他饱受唐氏综合征折磨的小儿子，另一个是他自己……

> 上帝说，我所思非你们所思，我之路非你们之路。[42]
>
> ——《旧约·以赛亚书》

1909 年 5 月，《唯物主义和经验批判主义（对一种反动哲学的批判）》（Материализм и эмпириокритицизм. Критические заметки об одной реакционной философии）在莫斯科出版，署名“伊林”（Ильин）的俄国流亡者弗拉基米尔·伊里奇·乌里扬诺夫（Владимир Ильич Ульянов，1870—1924）对风行欧陆的“马赫主义”（Machism）展开

了猛烈抨击。全文洋洋洒洒，修辞迭出，“登峰造极的诡辩论者”马赫自是不能幸免，火力所及，上溯贝克莱、休谟，下至庞加莱（Jules Henri Poincaré，1854—1912）、奥斯特瓦尔德——前者被归为“伟大的物理学家、渺小的哲学家”，后者被归为“伟大的化学家、渺小的哲学家”①……

两个月后，马赫从友人弗里德里希·阿德勒（Friedrich Wolfgang Adler，1879—1960）——自然被归为“马赫主义者”——的俄裔妻子那里，了解到了《唯物主义和经验批判主义（对一种反动哲学的批判）》的大致内容——年迈的骑士笑了笑，什么也没有说……

注　　释

[1] 此段诗的原文为：It was the best of times, it was the worst of times, It was the age of wisdom, it was the age of foolishness, it was the epoch of belief, It was the epoch of incredulity, it was the season of light, it was the season of darkness, It was the spring of hope, it was the winter of despair, We had everything before us, we had nothing before us, we were all going direct to Heaven, we were all going direct the other way.

[2] 此段话的原文为：Gott ist todt! Gott bleibt todt! Und wir haben ihn getödtet! Wie trösten wir uns, die Mörder aller Mörder?

[3] 此段话的原文为：Per me si va ne la città dolente, Per me si va ne l'etterno dolore, Per me si va tra la perduta gente.

[4] 此段话的原文为：Wie lange sollen die Fußstapfen der Freiheit Gräber sein? Ihr wollt Brot, und sie werfen euch Köpfe hin! Ihr durstet, und sie machen euch das Blut von den Stufen der Guillotine lecken!

[5] 此段话的原文为：Handle so, dass du die Menschheit sowohl in deiner Person, als in der Person eines jeden anderen jederzeit zugleich als Zweck, niemals bloß als Mittel brauchst.

[6] 此句的原文为：O Liberté, que de crimes on commet en ton nom!

① “渺小的哲学家”正是1734年贝克莱发表《分析学家》时的署名。

[7] 此句的原文为：Au-dessus de l'absolu révolutionnaire, il y a l'absolu humain.

[8] 此句的原文为：La République n'a pas besoin de savants ni de chimistes!

[9] 此句的原文为：Il ne leur a fallu qu'un moment pour faire tomber cette tête, et cent années peut-être ne suffiront pas pour en reproduire une semblable!

[10] 此段话的原文为：Géomètre de premier rang, Laplace ne tarda pas à se montrer administrateur plus que médiocre; dès son premier travail nous reconnûmes que nous nous étions trompé. Laplace ne saisissait aucune question sous son véritable point de vue: il cherchait des subtilités partout, n'avait que des idées problématiques, et portait enfin l'esprit des 'infiniment petits' jusque dans l'administration.

[11] 此段话的原文为：Погиб поэт! — невольник чести, —Пал, оклеветанный молвой, С свинцом в груди и жаждой мести, Поникнув гордой головой!

[12] 此段话的原文为：

Mon cher ami,

J'ai fait en Analyse plusieurs choses nouvelles.

Les unes concernent la théorie des équations; les autres, les fonctions-intégrales.

Dans la théorie des équations, j'ai recherché dans quels cas les équations-étaient résolubles par des radicaux, ce qui m'a donné occasion d'approfondircette théorie et de décrire toutes les transformations possiblessur une équation, lors même qu'elle n'est pas soluble par radicaux.

[13] 此段话的原文为：Il n'est pas de sauveurs suprêmes, Ni Dieu, ni César, ni tribun, Producteurs, sauvons-nous nous-mêmes, Décrétons le salut commun.

[14] 此段话的原文为：This kite is to be raised, when a thunder-gust appears to be coming on, (which is very frequent in this country) and the person, who holds the string, must stand within a door, or window, or under some cover, so that the silk ribbon may not be wet; and care must be taken, that the twine does not touch the frame of the door or window.

As soon as any of the thunder-clouds come over the kite, the pointed wire will draw the electric fire from them; and the kite, with all the twine, will be electrified; and the loose filaments of the twine will stand out every way, and he attracted by an approaching finger.

When the rain has wet the kite and twine, so that it can conduct the electric fire freely, you will find it stream out plentifully from the key on the approach of your knuckle.

At this key the phial may be charged; and from electric fire thus obtain'd spirits may be kindled, and all the other electric experiments be performed, which are usually done by the help of a rubbed glass globe or tube, and thereby the sameness of the electric matter with that of lightning completely demonstrated.

[15] 此句的原文为：Eripuit Coelo fulmen, mox Sceptra Tyrannis.

[16] 此段话的原文为：The Body of B. Franklin Printer, Like the Cover of an old Book, Its Contents torn out, And stript of its Lettering & Gilding, Lies here, Food for Worms. But the Work shall not be lost, For it will, as he believ'd, appear once more, In a new and more perfect Edition, Corrected and Amended By the Author.

[17] 此段话的原文为：The world is too much with us; late and soon, Getting and spending, we lay waste our powers;

[18] 此段话的原文为：Marie Curie such as a high figure of the end of her life,we should not just be satisfied with the results of the work,she recalled the human contribution has been made.The first-class figures of the times and historical significance of the process,in its moral quality, perhaps more than pure talent will be even more significant achievements,even if it is the latter,they depend on the degree of character, perhaps more than usually perceived as.

…

Marie Curie,the moral strength and enthusiasm,even if only a small portion of the existence of intellectuals in Europe in the middle of Europe will be facing a brighter future.

[19] 此段话的原文为：Further: Whether Ampère's beautiful theory were adopted, or any other, or whatever reservation were mentally made, still it appeared very extraordinary, that as every electric current was accompanied by a corresponding intensity of magnetic action at right angles to the current, good conductors of electricity, when placed within the sphere of this action, should not have any current induced through them, or some sensible effect produced equivalent in force to such a current.

These considerations, with their consequence, the hope of obtaining electricity from ordinary magnetism, have stimulated me at various times to investigate experimentally the inductive effect of electric currents. I lately arrived at positive results; and not only had my hopes fulfilled, but obtained a key which appeared to me to open out a full explanation of Arago's magnetic phenomena, and also to discover a new state, which may probably have great influence in some of the most important effects of electric currents.

One of these helices was connected with a galvanometer, and the other with a battery of one hundred pairs of plates four inches square, with double coppers, and well charged.When the contact was made, there was a sudden and very slight effect at the galvanometer, and there was also a similar slight effect when the contact with the battery was broken. But whilst the voltaic current was continuing to pass through the one helix, no galvanometrical appearances nor any effect like induction upon the other helix could be perceived…

[20] 此句的原文为：What is the use of it?

[21] 此句的原文为：What is the use of a new-born baby?

[22] 此段话的原文为：Certain of the results of the investigations which are embodied in the two papers entitled "*Experimental Researches in Electricity*" lately read to the Royal Society, and the views arising therefrom, in connexion with other views and experiments lead me to believe that magnetic action is progressive, and requires time, i.e. that when a magnet acts upon a distant magnet or piece of iron, the influencing cause (which I may for the moment call magnetism) proceeds gradually from the magnetic bodies, and requires time for its transmission, which will probably be found to be very sensible.

I think also, that I see reason for supposing that electric induction (of tension) is also performed in a similar progressive way. I am inclined to compare the diffusion of magnetic forces from a magnetic pole to the vibrations upon the surface of disturbed water, or those of air in the phenomenon of sound; i.e. I am inclined to think the vibratory theory will apply to these phenomena as it does to sound, and most probably to light.

[23] 此段话的原文为：The long and constant persuasion that all the forces of nature are mutually dependent, having one common origin, or rather being different manifestations of one fundamental power, has made me often think upon the possibility of establishing, by experiment, a connection between gravity and electricity, and so introducing the former into the group, the chain of which, including also magnetism, chemical force and heat, binds so many and such varied exhibitions of force together by common relations.

[24] 此段话的原文为：In order to obtain physical ideas without adopting a physical theory we must make ourselves familiar with existence of physical analogies. By a physical analogy I mean that partial similarity between the laws of one science

and those of another which makes each of them illustrate the other. Thus all the mathematical sciences are founded on relations between physical laws and laws of numbers, so that the aim of exact science is to reduce the problems of nature to the determination of quantities by operations with numbers. Passing from the most universal of all analogies to a very partial one, we find the same resemblance in mathematical form between two different phenomena giving rise to a physical theory of light.

[25] 此句的原文为：The philosophers have only interpreted the world in various ways-The point however is to change it.

[26] 此段话的原文为：The tendrils of my soul are twined. With thine, though many a mile apart, and thine in close-coiled circuits wind around the needle of my heart. Constant as Daniel, strong as Grove, Ebullient through its depths like Smee, My heart pours forth its tide of love, and all its circuits close in thee. O tell me, when along the line from my full heart the message flows, what currents are induced in thine? One click from thee will end my woes. Through many a Volt the Weber flew, and clicked this answer back to me, I am thy Farad, staunch and true, charged to a Volt with love for thee.

[27] 此段话的原文为：Def. I. Quantitas Materiæ est mensura ejusdem orta ex illius Densitate et Magnitudine conjunctim.

[28] 此段话的原文为：Def.Ⅲ. Materiæ vis insita est potentia resistendi, qua corpus unumquodq, quantum in se est, perseverat in statu suo vel quiescendi vel movendi uniformiter in- directum.

[29] 此句的原文为：THEOREMA. Vis inertiae cuiuscunque corporis proportionis est quantitati materiae, ex qua constat.

[30] 此段话的原文为：Vis inertiae est vis in quovis corpore insita in statu suo quietis vel motus aequabilis in directum permanendi. Ea igitur aestimanda est ex vi vel potentia, qua opus est ad corpus ex statu suo deturbandum. Diversa vero corpora aequaliter in statu suo perturbantur a potentiis, quae sunt ut quantitates materiae in illis contentae. Eorum igitur vires inertiae proportionales sunt his potentiis. Consequenter etiam materiae quantitatibus sunt proportionales. Q. E. D.

[31] 此段话的原文为：Lex. III. Actioni contrariam semper & æqualem esse reactionem: sive corporum duorum actiones in se mutuo semper esse æquales & in partes contrarias dirigi.

[32] 此段话的原文为：Si pendeat situla a filo prælongo, agaturq; perpetuo in orbem

donec filum a contorsione admodum rigescat, dein impleatur aqua, et una cum aqua quiescat; tum vi aliqua subitanea agatur motu contrario in orbem, et filo se relaxante, diutius perseveret in hoc motu: superficies aquæ sub initio planaerit, quemadmodum ante motum vasis, at postquam, vi in aquam paulatimimpressa, effecit vas, ut hæc quoq; sensibiliter revolvi incipiat, recedet ipsapaulatim e medio, ascendetq; ad latera vasis, figuram concavam induens, (utipse expertus sum) et incitatiore semper motu ascendet magis & magis, donecrevolutiones in æqualibus cum vase temporibus peragendo, quiescat in eodemrelative. Indicat hic ascensus conatum recedendi ab axe motus, & per talemconatum & innotescit & mensuratur motus aquæ circularis verus & absolutus, motuiq; relativo hic omnino contrarius.

[33] 此段话的原文为：Chemical analysis and synthesis go no farther than to the separation of particles one from another, and to their reunion. No new creation or destruction of matter is within the reach of chemical agency. We might as well attempt to introduce a new planet into the solar system, or to annihilate one already in existence, as to create or destroy a particle of hydrogen. All the changes we can produce, consist in separating particles that are in a state of cohesion or combination, and joining those that were previously at a distance.

[34] 此句的原文为：Haben Sie mal Atom gesehen？

[35] 此段话的原文为：L'étude de ces machines est du plus haut intérêt, leur importance est immense, leur emploi s'accroît tous les jours. Elles paraissent destinées à produire une grande révolution dans le monde civilisé…Enlever aujourd'hui à l'Angleterre ses machines à vapeur, ce serait lui ôter à la fois la houille et le fer; ce serait tarir toutes ses sources de richesses, ruiner tous ses moyens de prospérité; ce serait anéantir cette puissance colossale. La destruction de sa marine, qu'elle regarde comme son plus ferme appui, lui serait peut-être moins funeste.

[36] 此段话的原文为：La puissance motrice de la chaleur est indépendante des agens mis en œuvre pour la réaliser; sa quantité est fixée uniquement par les températures des corps entre lesquels se fait en dernier résultat le transport du calorique.

[37] 此段话的原文为：The second great law of thermodynamics involves a certain principle of irreversible action in nature. It is thus shown that, although mechanical energy is indestructible, there is a universal tendency to its dissipation, which produces gradual augmentation and diffusion of heat, cessation of motion, and exhaustion of potential energy through the material universe. The result would inevitably be a state of universal rest and death, if the universe were finite and left to

obey existing laws.

[38] 此段话的原文为：But it is impossible to conceive a limit to the extent of matter in the universe; and therefore science points rather to an endless progress, through an endless space, of action involving the transformation of potential energy into palpable motion and thence into heat, than to a single finite mechanism, running down like a clock, and stopping for ever.

[39] 此句的原文为：Il n'y a qu'un problème philosophique vraiment sérieux: c'est le suicide.

[40] 此句的原文为：I shall use the phrase "time's arrow" to express this one-way property of time which has no analogue in space.

[41] 此段话的原文为：If, in some cataclysm, all of scientific knowledge were to be destroyed, and only one sentence passed on to the next generations of creatures, what statement would contain the most information in the fewest words? I believe it is the atomic hypothesis (or the atomic fact, or whatever you wish to call it) that all things are made of atoms—little particles that move around in perpetual motion, attracting each other when they are a little distance apart, but repelling upon being squeezed into one another. In that one sentence, you will see, there is an enormous amount of information about the world, if just a little imagination and thinking are applied.

[42] 此句的原文为：55:8 For my thoughts are not your thoughts, neither are your ways my ways, saith the LORD.

第五章　混沌与秩序

幻象与悲剧

一切有为法，如梦幻泡影，如露亦如电，应作如是观。

——鸠摩罗什译 《金刚经》

永夜的群星，闪烁，静默；

宇宙的面目，时隐时现……

万物皆数

万物莫逃乎数。是数也，先天地而已存，后天地而已立。

——杨辉 《日用算法·序》

大约公元前530年，萨摩斯岛的毕达哥拉斯（Pythagoras of Samos，公元前570?—前495?），风尘仆仆，来到了意大利南部。他在克罗托内（Crotone），开坛布道，广收门徒。从爱琴海到尼罗河，从新月沃土（Fertile Crescent）到恒河之津，足迹遍布希腊世界的哲人吸引了来自各个阶层的有志青年。

在知识与智慧的园地还几乎是一片荒漠的时候，一个用脚步丈量世界的心灵无疑是荒原里最引人注目的参天巨木。年轻人纷纷汇聚到浓密的绿荫下，静静地聆听那些从宇宙深处、灵魂源头飘荡而来的美妙音乐：

星辰流转，莺飞草长；

人世代谢，寒来暑往；

自然的乐章，是数的交响！

上帝创造了整数，其余一切皆为人造。[1]

——利奥波德·克罗内克① 柏林博物学家大会讲座（1886 年）

后世“逍遥学派”的庭院漫步式教学法并不合毕达哥拉斯的口味，“教主”显然更喜欢居高临下的感觉，这里不欢迎自由散漫、质疑诘问的学生，只有正襟危坐、点头称是的徒众。端坐在巨石上的毕达哥拉斯清清嗓子，开始吟诵解读世界的“密码”——自然数：

1——万物本源，智慧的终端；

2——对立与矛盾，审视与反思；

3——杂然流形，实体所在；

4——永恒的正义，宇宙的创生；

5——奇（3）与偶（2），雄与雌，是婚姻；

6——神之生命，赋予灵魂；

7——意外的恩赐，是机会；

8——和谐，散布于友谊和爱情；

9——理智的力量；

10——包容一切，至善与完美。

一个个充满渴望的稚嫩头脑陷入了沉思，哲人跃起而呼——万物皆数！

侯爵的宠物

1816 年，巴黎。

---

① 利奥波德·克罗内克（Leopold Kronecker，1823—1891），德国数学家，在数论和代数学领域有重要贡献，曾激烈地反对集合论。

拉普拉斯先生笑嘻嘻地回来了①——天空多么晴朗，就连马车轮子咯吱咯吱的响声都像小曲般悦耳……

尊贵的阁下，什么事情令您这么高兴？

什么事情？——拉普拉斯扬起眉毛——那个“科西嘉矮子”彻底滚蛋咯！

没有什么比此事更令人心情舒畅了——两年前，这位第一帝国（1804—1814）的上议院议长毫不犹豫地在一页驱逐法令上签上了自己的名字，被驱逐的人是拉普拉斯老师的“好”学生、法兰西第一帝国的“前”皇帝——拿破仑·波拿巴。

拿破仑的时代终于结束了，但拉普拉斯先生的舒服日子还要继续。新主人路易十八（Louis XVIII，1755—1824）对他很满意。于是，第一帝国的拉普拉斯伯爵（Count de Laplace，1806）摇身一变，成了波旁复辟王朝的拉普拉斯侯爵（Marquis de Laplace，1817），可谓位极人臣……

在人类理解宇宙的雄心壮志与灿烂前景的感召下，侯爵大人牵着他两岁的小“宠物”招摇过市——它不是小猫、小狗，也不是骏马、猎豹，现在我们叫他“拉普拉斯妖”（Démon de Laplace）。在《关于概率的哲学随笔》（*Essai Philosophique sur les Probabilités*，1814）中，拉普拉斯先生是这样向世人介绍自己心爱的“宠物”的：

我们把宇宙现在的状态视为其过去的结果与未来的原因。如果一个智能生物知道某一刻所有自然运动的力和所有自然构成的物体位置，假使它足够聪明以至于能够对这些数据进行分析处理，那宇宙里最大的物体到最小的原子的运动都会包含在一条简单公式中；对于这个智能生物来说没有事物是不确定的，而未来只会像过去般出现在它眼前。[2]

① 由于反对拿破仑的战争政策等原因，拉普拉斯在1814年支持波旁王朝复辟。1815年，拿破仑潜回巴黎，建立了“百日王朝”（Cent-Jours），拉普拉斯被迫逃离巴黎。

总而言之——拉普拉斯轻轻抚摸“宠物”的大脑袋——喂了“牛顿力学”后，它就什么都知道！

乌云

人类文明又一次演进到了世纪之交的关口……

1900 年 4 月 27 日，皇家学会前主席威廉·汤姆逊（William Thomson），76 岁高龄的开尔文男爵（Baron Kelvin，1824—1907）在皇家研究院发表了演讲《在热与光的动力学理论上空的 19 世纪乌云》（*Nineteenth-Century Clouds over the Dynamical Theory of Heat and Light*）。

热力学的缔造者之一、英伦科学的领袖，把他积攒了大半辈子的智慧集中展示在世人面前，全欧洲的学者从四面八方赶来，就是为了聆听一位古稀老人的絮絮叨叨，其中既有“老骥伏枥”的壮志豪情，也有“路漫漫其修远兮”的告诫叮咛，还有“千丈之堤以蝼蚁之穴溃”的深切忧虑……

如今，很多人对这次著名演讲的记忆都集中在这一句话上面：

> 今日的物理学已经没有新鲜事了。剩下的工作不过是越来越精确的测量。[3]

不言而喻，这是德高望重的开尔文勋爵（Lord Kelvin）① 为理论物理学（Theoretical Physics）下的“死刑判决”——是啊，没什么事情可做了……力，我们有了牛顿力学与分析力学；热，我们有了热力学与统计力学；电与磁，我们有了麦克斯韦方程组……1894 年，一辈子和精密仪器打交道的美国物理学家阿尔伯特·亚伯拉罕·迈克尔逊

① “勋爵”是对公爵以下世袭贵族的尊称。

（Albert Abraham Michelson，1852—1931）在芝加哥大学瑞尔森物理实验室（Ryerson Physical Laboratory, University of Chicago）的致辞中言道：

物理科学的未来没有哪怕比以往更惊人的潜在奇迹，虽然这样的断言从不保险，但是看起来绝大部分宏伟的基本原理或许已经被牢固确立，而进一步的发展主要是寻求将这些原理严格地应用于我们观测到的所有现象。关于测量的科学正揭示它的重要性——定量工作的需求将比定性工作更大。一位显赫的物理学家指出，物理学未来的真理只能到小数点第6位之后去找了。[4]

然而，广为流传的“判决”于史无据，如今引述可能更多来自一些人的“想象”①。在这类“想象”中，开尔文勋爵不仅盛赞了经典物理大厦的壮美，而且第一次提到了那物理学“万里晴空”下潜伏着的“不速之客”——

在地平线上徘徊着两朵令人不安的乌云……[5]

今天，公元1900年4月27日，一如演讲题目，物理耆宿开尔文要和大家谈的不是过往的辉煌，而是将来的忧虑——“乌云”，恰是一位老人历尽学术沉浮沧桑的智慧结晶。开尔文平静地扫视会场，语调轻缓地开始了他的演讲：

断言热现象与光现象都是一种运动形式的美丽而清晰的动力学理论，如今却笼罩在两朵乌云之中。I. 第一朵乌云伴随菲涅尔和托马

① 常见的说法是：“判决”出现于1900年元旦开尔文勋爵在英国科学促进会（British Association for the Advancement of Science）的新年献词中。但这个说法至今尚未得到确切的史料证实。

斯·杨医生研究的光的波动理论而来，它涉及这样一个问题，地球如何穿过本质上是光以太的弹性固体？Ⅱ.第二朵乌云是关于能量均分的麦克斯韦——玻尔兹曼学说。[6]

无可奈何花落去

不过在戏台上罢了，悲剧将人生的有价值的东西毁灭给人看，喜剧将那无价值的撕破给人看。

——鲁迅《坟·再论雷峰塔的倒掉》

公元1900年，在人类理性之域，这是值得铭记的一年：

4月27日，伦敦，开尔文勋爵发表了《在热与光的动力学理论上空的19世纪乌云》演讲，为物理学家指明了两朵“乌云”；

8月8日，巴黎，大卫·希尔伯特（David Hilbert，1862—1943）发表了《数学问题》演讲（*Mathematische Probleme*），为数学家下达了23道“命令”①；

8月25日，叫嚷“上帝死了！”的疯子尼采（Friedrich Wilhelm Nietzsche，1844—1900）死了……

现在，时间：12月14日；地点：柏林。

中规中矩的柏林大学（Friedrich-Wilhelms-Universität, Berlin）教授、普鲁士皇家科学院（Königlich-Preußische Akademie der Wissenschaften）院士普朗克今天竟有些紧张。这位上课从不带讲稿，也从来不会有口误的讲台“老资格”，像一个初次参加论文答辩的学术新兵，怀着忐忑不安的心情走上了柏林物理学会（Physikalische Gesellschaft, Berlin）的例会讲台——报告的题目是《论正常辐射谱中的能量分布定

① 在这次著名的演讲中，希尔伯特根据19世纪的既有成果及其发展趋势提出了23个纲领性数学问题，涵盖了纯粹数学诸多分支（除拓扑学、微分几何等外）。

律》(*Über das Gesetz der Energieverteilung im Normalspectrum*)[①]，这是普朗克教授在近年一系列工作的总结。

从台下的座位到讲台不过几步的路程，普朗克竟然好像走了半个世纪……

科学的历程，尤其是热力学的发展，往往是抽象理论与具体经验的长途赛跑。有的时候，在纸上推公式的数学家或理论物理学家走到了前面；也有时候，在瓶瓶罐罐与机器轰鸣中的实验员或工程师迎头超越。在两次工业革命如火如荼的年代，无数科学的果实就诞生在蒸汽笼罩的技术喧嚣之中——在冶金工厂里，某位细心的工程师偶然发现了一个有意思的现象：熟练的冶炼工人可以通过炉火的颜色大致判断出冶金炉的温度。这种不需要借助任何精密仪器的经验估计激起了他的兴趣，后来他把这个有趣的发现分享给了专注于热力学或辐射学的物理学家朋友。

经过物理学家必要的数学抽象与物理简化，我们有了一个新的物理学模型——黑体或绝对黑体（black body or absolute black body），德国人称之为“空腔”（Hohlraum）。这是一种奇妙的“物体”，对应于实际中的壁炉或冶金炉一类带小孔的不透明腔体，在不同温度下达到平衡态时，其辐射能力与辐射频率或波长存在某种关系。

早在1859—1861年，普朗克的授业恩师，基尔霍夫（Gustav Robert Kirchhoff，1824—1887）教授发现：黑体辐射（black-body radiation）存在一定的数学规律——单色辐射出射度（monochromatic radiant exitance），即在单位面积上辐射功率的谱密度，只与其辐射波长和温度有关，即基尔霍夫热辐射定律（Kirchhoff's Law of Thermal Radiation）。但是，基尔霍夫并没有给出具体的辐射谱关系，即单色辐射出射度、波长、温度三者之间的定量数学关系，后续工作只能交与后人完成。

---

① 发表于《物理学年鉴》(*Annalen der Physik*) 1901, 309 (3): 553–563。

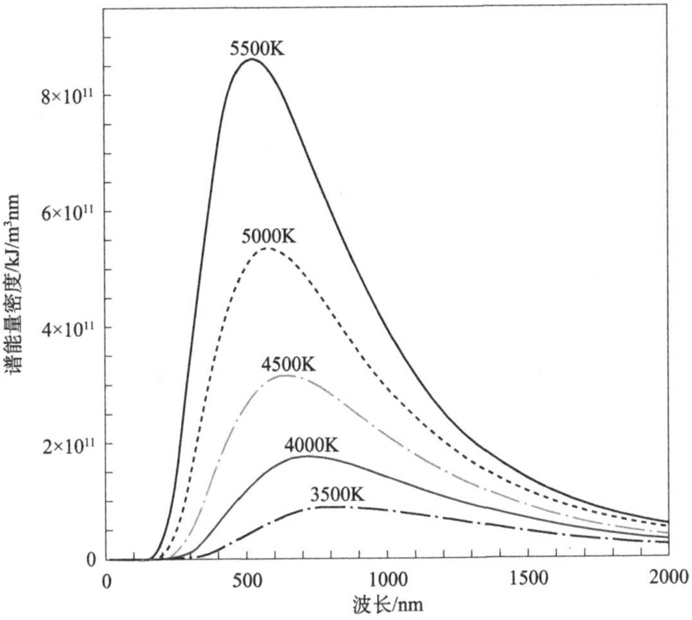

黑体辐射谱

横坐标为波长，单位 nm；纵坐标为谱能量密度（能量密度的谱密度），即单位体积内的单色辐射能，单位 kJ/（$m^3 \cdot nm$）。从辐射学的角度描述辐射场，可以使用辐射出射度及其谱密度；从热力学的角度描述辐射场，可以使用能量密度及其谱密度。辐射出射度与能量密度之比为 $c/4$，c 为真空光速

1896 年，德国物理学家威廉·维恩（Wilhelm Carl Werner Otto Fritz Franz Wien，1864—1928）从麦克斯韦电磁理论、热力学与统计力学出发，结合一些特殊假设给出了一个比较令人满意的半经验关系——维恩公式（Wien’s formula），综合了基尔霍夫、斯特番（Josef Stefan，1835—1893）、玻尔兹曼等及维恩本人在 1893 年的工作。维恩公式表明：在任一温度下，黑体辐射的单色辐射出射度随波长的变化都是先增大后减小，且单色辐射出射度峰值对应的波长与温度成反比①，而全波段的辐射出射度与温度的 4 次方成正比②。

① 即维恩位移定律（Wien’s Displacement Law），在天体物理学中可以用来估计恒星表面温度。

② 即斯特番-玻尔兹曼定律（Stefan-Boltzmann Law）。

后续的精确实验表明，维恩公式在偏蓝紫的短波波段与实测数据吻合十分完美，但在偏红橙的长波波段出现了明显偏离趋势。

四年后，在德国人面前从来不甘落后的英国人奋起直追。麦克斯韦的继承者[①]，以定量分析之精准闻名学界的瑞利男爵（John William Strutt, 3rd Baron Rayleigh，1842—1919）于 1900 年 6 月——在开尔文指出“乌云”之后——根据麦克斯韦电磁理论和经典统计力学的能量均分定理，推导出了符合长波波段的新公式。1905 年，瑞利男爵与在天体物理领域造诣颇深的詹姆士·金斯（James Hopwood Jeans，1877—1946）先后将之修正为瑞利-金斯公式（Rayleigh-Jeans formula），它在长波波段倒是很符合实验数据，但到了短波波段……

一贯喜欢开玩笑的保罗·埃伦费斯特（Paul Ehrenfest，1880—1933）于 1911 年惊呼——天哪，“紫外灾难”（ultraviolet catastrophe）！我们惊恐地发现，辐射谱上瑞利-金斯曲线预言的单色辐射出射度及全波段的辐射出射度奔向了无穷大——当一个物理学理论预言现实中的某个物理量趋向无穷大时，就表明该理论在该条件下失效了！

在构建斯特番定律（1884）和维恩位移定律（1893）理论推导的过程中，玻尔兹曼和维恩先后为黑体辐射引入了微观的物理图像。从麦克斯韦电磁理论的物理图像出发，可以将处于平衡态腔体内的辐射场视为各种驻波的集合。以长为 l 的一维空腔为例，辐射场内驻波波长 λ 应满足：

$$n\frac{\lambda}{2}=l, n=1,2,3,\ldots$$

每一个可能驻波的波长或频率对应于处于平衡态的辐射电磁场的一个自由度。根据经典统计力学中的能量均分定理，平衡态辐射场的总能量按自由度平均分配，这将导致：在总能量一定的情况下，无穷大的自由度数使得每个自由度的驻波分到的能量趋于零，即不产生辐射；在每个自由度分到平均能量一定的情况下，无穷大的自由度数使

① 1879—1884 年，瑞利担任卡文迪许实验室第二任主任。

得总能量趋于无穷——虽然，开尔文阐述“第二朵乌云”时并未明确提及黑体辐射[①]，但这确实是“第二朵乌云”带来的物理图像上的困难。

把一生献给热力学的普朗克有自己的研究路径：1900 年 10 月 19 日，普朗克在柏林物理学会首次给出了他完善维恩公式的成果[②]——普朗克黑体辐射定律（Planck Black-body Radiation Law）。遵循热力学的路径，普朗克从构造辐射场的熵和内能出发，推导黑体辐射公式，由此得到的能量理论分布几近完美地拟合了全波段的实测数据。随后，在海因里希·鲁本斯（Heinrich Leopold Rubens,1865—1922）的鼓励下，普朗克延续玻尔兹曼的方法，从宏观向微观回溯，尝试为自己的黑体辐射定律提供微观或统计力学的解释——他将整个腔体视为诸多不同频率谐振子（Resonator）的集合，谐振子通过吸收或发射能量与辐射场达到热力学平衡。普朗克追随玻尔兹曼，引入了一个“怪异的假设”：一定频率的谐振子吸收或发射的能量存在一个不可再分的能量单元（Energieelement），记为 ε，那么 N 个谐振子拥有的能量

$$U_N = P\varepsilon$$

其中，P 必须是一个正整数，并且

$$\varepsilon = h\nu$$

其中，ν 为辐射频率，h 为一个常量，保证量纲统一。之后，将 P 份 ε 分配到 N 个谐振子中[③]，结合辐射场熵与内能的关系，得到平衡态时一个谐振子的平均能量

$$U = \frac{h\nu}{e^{h\nu/k\theta} - 1}$$

其中，k 为玻尔兹曼常量，θ 为热力学温度。也就是说，辐射场的总能量不再按自由度平均分配，那些极短波或极高频的自由度被“冻结”，

---

① 开尔文关注的“第二朵乌云”主要是能量均分定理给出的双原子或多原子气体比热的理论值与实测值的偏差。

② 普朗克当时可能并不知道瑞利的工作。

③ 相当于把 P 个“小球”（能量单元）分配到 N 个“盒子”（谐振子）里，找到微观状态（分配方式）最多的宏观态，即系统的平衡态，利用平衡态的微观状态数可得到一个谐振子的熵。

由此可以“安全地”构造出适用于全波段的黑体辐射公式。

讲台上的普朗克一遍又一遍地深呼吸，他想尽量克制住自己的颤抖，至于这种颤抖是来自紧张，还是兴奋，他自己也不知道。在台下听众焦灼的目光中，在例会主席不耐烦的催促下，普朗克下意识地整理了一下领结，最后深吸一口气，咽下唾液，开始宣读他的论文……

提问：普朗克教授，您的意思是……辐射的能量不是连续的，而是像粒子那样一份一份的……就像您命名的……“量子”（quanta）①？

回答：呃……如果考虑用统计力学来解释辐射公式，我想，不得不这样……

自然界从不飞跃。[7]

——莱布尼兹《人类理智新论》

远日衔山，神情麻木的牛顿指着眼前一片模糊在烟尘中的废墟，转向了气喘吁吁的普朗克——

看，你的杰作！

听众们议论纷纷，普朗克默默走下讲台。看懂那个“怪异假设”的人还没有出现，一股强烈的“负罪感”却油然而生——人类的艺术自此多了一种戏剧模式——“普朗克式悲剧”，一个人将用自己余生的全部精力去否定自我——早在负笈慕尼黑大学（Ludwig-Maximilians-Universität München）时，他就言道：

我不期望新的发现，唯愿理解物理学已有的基础，或可深入。[8]

热力学第二定律——那正是普朗克博士的论文《论机械观的热理论的第二定律》（*Über den zweiten Hauptsatz der mechanischen*

① Quanta 源自拉丁语 Quantus，意为“多少”，普朗克先后使用过 Energieelement 和 Elementarquanta 等相关术语。

Wärmetheorie，1879）的主题——告诉我们，自然界的一切自发过程都是不可逆的。某些事一旦发生，除了上帝外——他死了，无论用什么办法都不能消除它的影响。当躲在书斋里的普朗克教授——“不情愿的革命者”（Reluctant Revolutionary）——绞尽脑汁地寻找妙法扼杀“怪胎”时，这场“革命”——1877 年，玻尔兹曼不经意间开启的“量子纪元”——已不可逆转。

普朗克引入的常量 h，被后人称为“普朗克常量”（Planck’s Constant）。今天，它是进入“量子世界”的一张“通行证”……

西西弗斯神话

非汤武而薄周孔，越名教而任自然。

——集嵇康句[①]

没有比视野更辽阔的无限，没有比思索更悠远的永恒……

看风

这一切的可悲证明了人的伟大。那是一位伟大君主的可悲，是一位被罢黜的国王的可悲。[9]

——帕斯卡 《思想录 · 人之伟大》（XXⅢ Grandeur de l’homme）

“不列颠教宗”逊位了，他尊贵的名讳终于可以与莱布尼兹，与胡

① 前半句出自《与山巨源绝交书》中的“又每非汤武而薄周孔，在人间不止，此事会显，世教所不容，此甚不可一也”，后半句出自《释私论》中的“矜尚不存乎心，故能越名教而任自然；情不系于所欲，故能审贵贱而通物情”。

克，与法拉第……与一切“卑微之人”同列。

伊萨克·牛顿轻掸身上的尘土，走下高耸入云的宝座——这禁锢了自己两个多世纪的牢笼。没有了“苹果”，也没有了“黄金”；没有了“原理”，也没有了“坩埚”……

就像很多年前，老伽利略领着他参观圣贤亚里士多德的“后花园”那样。今天，牛顿很愉快地接受了一位犹太小伙的拜访。

在经典物理大厦的烟尘中，牛顿微笑着示意沉思中的少年——

看，多么壮观的智慧遗迹！

风，从眼前吹过，带着辉煌遗迹零散的记忆——是未来的信息，是麦克斯韦、玻尔兹曼和马赫留下的密码。

他们等到了看风的那个人，阿尔伯特·爱因斯坦……

纯粹理性批判

（乌尔姆，1619年）

笛卡儿留在多瑙河畔的坐标，沿时间轴平移260年——

（乌尔姆，1879年3月14日上午11点30分）

笛卡儿的精神继承人、传统的守望者、潮流的怀疑者——爱因斯坦，第一次亮相在纷繁的人世间。

少年时代的爱因斯坦，除了对欧氏几何学与物理学的“偏科性”特殊爱好外，并没有体现出十分明显的“天赋异禀”，所谓“少年天才”的标签，应该也是后人对其杰出成就的“逆向推理”。不过在德意志军营般的学校里，总是沉浸在自己的世界里，没有丝毫集体主义精神的小爱因斯坦绝对可以算得上一个异类，以至于忍无可忍的希腊语老师抛下了人类历史上最愚蠢的（没有之一）“预言”——这个不听话的家伙，终将一事无成！

只有一点需要引起我们足够的重视——还记得拉夫雷士学校的小笛卡儿吗？

当同龄人在“军阀”老师屁股后面亦步亦趋，或在教鞭威慑外尽情释放躁动天性时，13 岁的爱因斯坦又在哪片树荫下继续他的“白日梦”？

把镜头悄悄拉近……阳光透过浓密枝叶的间隙，洒在少年稚嫩而沉静的脸上，小家伙正有模有样地托着下巴，目视远方，作凝神沉思状……

再近一点……他的膝盖上放着一本书，我们好奇地打量了厚重的封皮——伊曼努尔·康德（Immanuel Kant，1724—1804），《纯粹理性批判》（*Kritik der reinen Vernunft*，1781）……

伽利略之船

地恒动不止而人不知，譬如人在大舟中，闭牖而坐，舟行而不觉也。

——《尚书纬·考灵曜》

阿尔伯特，阿尔伯特，醒醒……

你是谁？——少年揉了揉惺忪的睡眼。显然，康德老先生把他引入了梦乡。

伽利略·伽利雷。

一位和善的老者出现在小爱因斯坦面前——

来，我带你去一个地方。

一老一少登上一艘硕大的帆船，它的名字叫“惯性系”（Inertial frame of reference）。船长萨尔维亚蒂（Salviati）已经恭候多时了。甲板上堆砌了很多东西，显得有些凌乱，萨尔维亚蒂正命人准备，好像要进行一场大规模的实验……

阿尔伯特，仔细看——老人嘱咐道，小爱因斯坦点了点头。

几只蝴蝶扑扇着鳞翅向四周随意飞去；

木桌上放着一只碗，几条鱼在水里嬉戏；

桅杆上挂着一个倒悬的水瓶，水从瓶口一滴一滴落下，坠入正下方的宽口罐子；

……

船缓缓地启动了。无风的海面十分宁静，波浪轻微得让船舱里的人几乎察觉不到行进中的晃动。

接着，阿尔伯特！

萨尔维亚蒂从不远处抛来一个小球，见少年稳稳接住后，又换了个方向，抛出下一个……

一旁的伽利略哈哈大笑，招手示意让小爱因斯坦来到身边。

看，你发现了什么？

蝴蝶仍旧自由地向各个方向飞舞；

鱼还是在水中不受任何限制地游来游去；

水滴仍然不偏不倚地落入宽口罐子；

……

少年又低头端详手中的小球——无论从任何方向抛来，都不用费更多的力……

所有的力学现象没有丝毫变化，

我如何得知船的状态，

是静止，还是匀速运动？

一阵急促的铃声传来，爱因斯坦从梦中惊醒，他连忙丢下手中的书，向教室跑去。

轻风过处，树荫下一本摊开的书本，一页深深的折痕，还有一个前贤馈赠的“金科玉律”——力学相对性原理或伽利略相对性原理（Principle of Galileo’s or mechanics relativity）：在一切惯性系中，所有力学规律都具有相同的数学形式。

追光

詹姆士·麦克斯韦安坐于壁炉旁，静静地等待。他瞥了一眼沙发旁的日历，现在是公元1895年，如果自己还活着，应该是64岁了……

到时候了！

16岁的爱因斯坦小心翼翼地叩开了麦克斯韦家的门，他两手空空，只带了一个折磨了自己很久的疑问——光。

麦克斯韦期待了太久的戏剧终于又在客厅上演，两个本色出镜的演员：麦克斯韦是麦克斯韦，爱因斯坦是爱因斯坦——

麦克斯韦（用手比划着）：光？就是运动着的电磁场，电场，磁场，电场，磁场……明白了吗？

爱因斯坦（顺手拿起桌上一本书，是《关于托勒密和哥白尼两大世界体系的对话》）：可是您的方程，能登上伽利略的“惯性系号”吗？

麦克斯韦（无可奈何地）：那需要一张伽利略先生签名的船票，我们叫它“伽利略变换”（Galilean Transformation）——伫立在岸边的我看见“惯性系号”匀速离去，站在甲板上的你却只会感到船的静止，我们可以记录相同的时刻，经历相同的时间，记录下相同的航程……牛顿爵士就搞到了一张，所以只要在船上，他那美妙的第二定律就始终都是$F=ma$。很遗憾，到目前为止，我还没有碰上好运气，但我相信有那么一天……

爱因斯坦（追问）：您准备怎么办？

麦克斯韦（犹豫地）：嗯……就像声波一样，我可以把光或电磁场也看成一种在弹性介质（elastic medium）里传播的振动……这种介质，也许就是笛卡儿、惠更斯他们说的……“以太”，电磁场的运动可能就要以它为绝对静止的参考系……当然，为了顺利获得船票，我们似乎要给以太加上些“不可思议”的性质……

爱因斯坦（沉思片刻后）：好吧，如果您获得了船票，我是说如果。是否可以想象这样的场景——我以光速追随一条光运动，那么我就应当看到，这样一条光线就好像一个在空间里振荡着却停滞不前的电磁场——一个不随时间变化的波场？

麦克斯韦：……

奇迹年

1895—1905 年是第一个十年，爱因斯坦从德国人变成了瑞士人，从苏黎世联邦理工学院师范部物理系走入了伯尔尼专利局[①]……

公元 1905 年，后人名之以“爱因斯坦的奇迹年”，与牛顿的 1666 年类似，这种称谓有两重含义，其一是对源远流长的物理学而言，其二是对爱因斯坦自己而言。这一年的爱因斯坦，一个年仅 26 岁的专利局三级助理审查员，享有一个科学史上气魄非凡的生动描述——在没有空袭警报的情况下，天边突然出现了一架重型战略轰炸机，一轮地毯式轰炸呼啸而去，只留下一片经典物理的断壁残垣、一群惊慌失措的“帝国近卫军”……

然而，“不列颠教宗”早已逊位，经典物理的大厦却不会因此而崩塌。与气贯长虹的轰炸机相比，尚未入学界正统法眼的“拾荒者”形象也许更为贴切。当然，这并不能抹杀爱因斯坦在这短短一年之中接连创造的殊勋——五篇“改变物理学面貌”的论文。

7 月 30 日，爱因斯坦向苏黎世大学（Universität Zürich）提交了 4 月 30 日完成的论文《分子大小的一种新测定》（*Eine neue Bestimmung der Moleküldimensionen*），以此成功申请了哲学博士学位。在这之前

① 1902 年，爱因斯坦与好友索洛文（Maurice Solovine，1875—1958）、哈比希特（Conrad Habicht，1876—1958）在伯尔尼结成了一个哲学和物理学的讨论小组，戏名之曰“奥林匹亚科学院”（Akademie Olympia），爱因斯坦是主持人。后来，他们的一些同学和朋友相继加入。

的 7 月 18 日，爱因斯坦在《物理学年鉴》发表了《热的分子运动论所要求的静液体中悬浮粒子的运动》（*Die von der molekularkinetischen Theorie der Wärme geforderte Bewegung von in ruhenden Flüssigkeiten suspendierten Teilchen*）。在方兴未艾的分子运动论与统计力学领域，这两篇论文共同奠定了爱因斯坦的先锋地位。

特别是在《热的分子运动论所要求的静液体中悬浮粒子的运动》中，爱因斯坦在玻尔兹曼工作的基础上为宏观的布朗运动（Brownian motion）[①]建立了统计理论，有力地支持了古老的“原子论”。1908 年，法国物理学家、化学家让·巴普蒂斯特·佩兰（Jean Baptiste Perrin，1870—1942）用一系列精巧的实验验证了爱因斯坦的理论——奥斯特瓦尔德已是心悦诚服，而玻尔兹曼却无法分享喜悦，他的思索已经终结于 1906 年的初秋……

真正为这个初出茅庐的小子染上革命先锋色彩的论文是这一年 6 月 19 日同样发表于《物理学年鉴》的奇文——《关于光的产生和转化的一个启发性观点》（*Über einen die Erzeugung und Verwandlung des Lichtes betreffenden heuristischen Gesichtspunkt*）。“一个启发性观点”——十分谨慎的题目行文并不能掩盖这篇论文的耀眼光芒，爱因斯坦从普朗克手上接过了 1900 年诞下的“婴儿”，他为这个世人眼中相貌古怪甚至是丑陋的“孩子”赋予了一个新名字——“光量子”（Lichtquanta）——

惠更斯说：光是波动！

胡克补充道：没错，它就是一种机械振动，像弹簧一样！

牛顿不屑道：傻瓜，光分明就是微粒！

泊松附议：对，谁说光是波就等于承认自己是傻瓜！

阿拉果和菲涅尔笑了：看，泊松先生！你们的“微粒”绕到盘子

---

① 1827 年，英国植物学家罗伯特·布朗（Robert Brown，1773—1858）观察到花粉颗粒在水中做无规则运动。在 1905 年的论文中，爱因斯坦利用统计力学将其“还原”为水分子的碰撞。

后面形成阴影中的亮斑？

麦克斯韦想了想：嗯，法拉第说，光是电磁场！

“终结者”爱因斯坦抱着他的“儿子”出场了：你们都错了，也都没错……

嘟，一边儿去！——人群中传来一阵嘘声。

爱因斯坦慢条斯理地说：波动光学或电动力学的描述是不完备的，我们需要普朗克的新理论……

1922年，因“理论物理方面的成就，尤其是发现光电效应定律”（for his services to theoretical physics, and especially for his discovery of the law of the photoelectric effect），爱因斯坦捧得了迟来的荣耀——1921年度的诺贝尔物理学奖。但是，“儿子”带来的荣誉并不能抵抗“父亲”的宿命，与“量子论的第一位父亲”——普朗克一样，爱因斯坦不久就会发现这个“儿子”并不像想象中那么听话……

无论你相信与否，爱因斯坦本来就不是个革命者，他骨子里更像是物理学传统的卫道士，他从不迷信“先知”或“教宗”，但这并不动摇古老信仰的传承，也不会影响前贤传统的复兴。

9月26日与11月21日，《物理学年鉴》刊出了“爱因斯坦的奇迹年”的两篇收官之作：《论动体的电动力学》（*Elektrodynamik bewegter Körper*）、《物体的惯性同它所含的能量有关吗？》（*Ist die Trägheit eines Körpers von seinem Energieinhalt abhängig?*）——故事才刚刚开始……

语言学问题

哲学是一场战斗，它反抗的是借助我们语言的手段构造的我们理智的幻惑。[10]

——维特根斯坦 《哲学研究》（§109）

第一次世界大战期间，奥匈帝国军队的志愿兵路德维希·维特根斯坦（Ludwig Josef Johann Wittgenstein，1889—1951）在炮火连天的战场上，在泥泞逼仄的堑壕里，断断续续记录下自己的思想碎片……

1921 年，这些“碎片”在奥斯特瓦尔德创办的《自然哲学年鉴》（*Annalen der Naturphilosophie*）上公开发表，后经他在剑桥大学的老师乔治·爱德华·摩尔（George Edward Moore，1873—1958）建议，题目定为《逻辑哲学论》（*Tractatus Logico-Philosophicus*）①。在这部以晦涩著称的小册子中，维特根斯坦试图以罗素提炼的“逻辑原子论”（logical atomism）②杀死哲学——所有哲学问题不过是对语言的误用！

> 对那些不可言说者，我们必须保持沉默。[11]
>
> ——《逻辑哲学论》

自然中的“不可言说者”——“以太”，从亚里士多德到麦克斯韦，是牛顿《原理》中“隐秘的质”（qualitatibus occultis）……

1887年，迈克耳逊（Albert Abraham Michelson，1852—1931）与莫雷（Edward Williams Morley，1838—1923）在美国克利夫兰（Cleveland）启动了他们的光学干涉仪（interferometer）。两位追求精密的实验物理学家期望通过他们精心布置的光路捕捉公转中的地球相对于以太的极其细微的运动——其速率仅相当于真空光速的万分之一。按伽利略变换的理论测算，预计中的可观测实验现象——干涉条纹的移动完全在迈克耳逊-莫雷干涉仪的设计精度内。

短短的几分钟，自忖万事俱备的迈克耳逊与莫雷就陷入了空前的郁闷——条纹的移动没有超过实验误差的扰动范围，换而言之，他们失败了——由自信转而郁闷的迈克耳逊与莫雷带着他们“伟大的失败”进入了我们的物理学教科书，原因与黑体辐射类似，同样拜敏锐的开

---

① 向荷兰理性主义哲学家斯宾诺莎（Baruch Spinoza，1632—1677）的《神学政治论》（*Tractatus Theologico-Politicus*，1677）致敬。

② 当然，维特根斯坦本人并不认可罗素的提炼与阐发。

尔文勋爵所赐。

1887年的短短几分钟把整个物理学拖入了一个十分诡异的尴尬境地之中。第一个“语言学问题”产生了——我们需要解释！于是，面对同一个实验，我们获得了各种各样的解释。

麦克斯韦方程组申请“惯性系号”的“船票”的努力失败了，物理学家们必须面临一个艰难的抉择——

方案1：坚持伽利略相对性原理，维护“惯性系号”乘员的纯洁性，把“不伦不类”的麦克斯韦方程组一脚踢下船去！

方案2：力保麦克斯韦方程组，不必搭理伽利略相对性原理，大不了凿沉“惯性系号”！

最终大部分人倒向了保守的方案1，他们中一部分默认了“电磁场不满足相对性原理”的现状，得过且过；另一部分则投入了改造麦克斯韦方程组的浩大工程，心力交瘁。

1893年到1894年，荷兰人洛伦兹（Hendrik Antoon Lorentz，1853—1928）与爱尔兰人菲兹杰拉德（George Francis Fitzgerald，1851—1901）先后独立发展出一套唯像解释，他们假设：物体沿运动方向发生物理收缩，并给出了定量的收缩系数——洛伦兹因子（Lorentz factor）。洛伦兹还取伽利略而代之，替麦克斯韦签署了登上“惯性系号”的“船票”——洛伦兹变换（Lorentz transformation），有了这张特别签发的“船票”，形式优美的麦克斯韦方程组就可以和牛顿力学方程一样，在惯性系之间保持数学形式的不变了。

困难似乎是解决了，但第二个“语言学问题”产生了——菲兹杰拉德与洛伦兹解释了迈克耳逊-莫雷实验，但是谁来解释这个“莫名其妙”的解释——物理收缩？

与马赫、奥斯特瓦尔德并世而立的全才上场了。

19世纪的最后岁月，既怀疑“经验”又反对“先验”的约定主义（conventionalism）宗师儒勒·昂利·庞加莱（Jules Henri Poincaré，1854—1912）仔细审查了洛伦兹的经典电子论（classical electronics）。

固执的数学家对这种为了解释实验而引入假设的权宜之计并不满意，他需要在逻辑上更“自然”的理论——更精练的“约定”。

上帝说：“要有光”。于是便有了光。[12]

——《旧约·创世纪》

1898 年，庞加莱发表了《时间的测量》（*La Mesure du Temps*）。庞加莱在文中率先指出了构造“新力学”的第一个新公设——光速，他认为：真空中的光速对任何惯性系都是一个不变的常量。没有这个前提，对光速的测量就无从谈起，而没有光速的测量，观察者就无法获得任何有关时空的信息，那么我们对时间和空间的“传统定义”，即牛顿的定义，也会因为缺乏“操作性”而显得根基不牢。

1902 年，庞加莱在其传世名著《科学与假设》（*La Science et l'Hypothese*）中完成了对“惯性系号”航向的第一次修正，首次提出了完整的“相对性原理”——以任何动力学或电磁学的观测去检查绝对的惯性运动，是不可能的！也就是说，在一切惯性系中，电磁学规律与力学规律一样，始终保持着数学形式的不变性——麦克斯韦方程组必须登上“惯性系号”！

两年后，洛伦兹代签的“船票”被庞加莱赋予了数学上的“合法性”。

截至 1904 年，庞加莱“新力学”的轮廓已经十分清晰了，他至少已经完成了一系列重要论断：

绝对空间不存在，宇宙中的物体处于永恒的相对运动中；

绝对时间不存在，两段时间间隔相等没有物理意义；

发生在不同地点的两个事件的同时性（synchronicity）只是一种错觉；

力学事实有必要在非欧几何中进行描述；

光速是不可及的极限——追光是不可能的；

惯性（质量）将随速度增加而增加；

牛顿力学将作为“新力学”的一级近似，在速度远低于光速时仍然保持相当高的精确性；

……

新时代的大门敞开了。

被挤到门边的洛伦兹好奇地向里张望，灿烂的未来似乎就在眼前。他又低头看了看怀中的“以太”，实在不忍心撒手，只好轻叹一声，默默退入人群之中。

不久，拥挤的人群中出现了一条通道，一身孑然的庞加莱从容地走向门口。他回头搜寻已经淹没在人群中的洛伦兹，只是笑了笑，什么也没有说。

在一种焦躁不安中，短暂的平静降临了。大家纷纷屏住呼吸，各怀心思的目光汇聚到了矗立在门前的庞加莱身上，就是那几秒钟——

在数学与物理之间这一道低矮的门槛前，他止步了！

拥挤混乱、喧闹嘈杂再一次占据大门之前……

这是一个十分微妙的情形，微妙到如此耐人寻味，资格、背景、动机、方法……形形色色的讨论已经占据了太多的历史篇幅，我们仍旧不得要领——第三个也是最复杂的一个“语言学问题”！

1905—1906年，庞加莱正忙于完善自己的论文《论电子的动力学》（*Sur la dynamique de l'électron*），他的书桌上却先后出现了两篇署名爱因斯坦的论文：《论动体的电动力学》与《物体的惯性同它所含的能量有关吗？》。陈述这两篇文章的内容纯属多余，如果一定要加以区别，也只好把注意力集中在庞加莱和爱因斯坦各自选择的“语言”，一个是“数学”，另一个是“物理”。就连爱因斯坦自己都必须承认，就算没有他，“新力学”或者说——狭义相对论（Special Theory of Relativity）①，也迟早会诞生。但我们所熟知的情况是——

① “狭义相对论”的命名是1916年之后相对于“广义相对论”而言的。

伽利略与萨尔维亚蒂退休了，他们把“惯性系号”交给了爱因斯坦。

麦克斯韦方程组顺利登船，年轻的船长规划了新的航向——

光速不变原理（Principle of Invariance of Light Speed）：对任何运动的光源，观测者所能观测到的光速都是相同的。

狭义相对性原理（Principle of Special Relativity）：物理规律（力学规律与统计规律）对惯性系具有数学不变性。

还有一声响亮的“汽笛”——质能方程（Equation of Mass-Energy）：运动与物质、能量与质量（惯性）原来密不可分，它们交织凝结在爱因斯坦的“重构”、有史以来最优美的一个公式：

$$K_0 - K_1 = \frac{L}{V^2}\frac{v^2}{2}$$

今天它常常被写为

$$E = mc^2$$

又是一轮新的航程！

米列娃

人们把女人圈禁在厨房或客厅里，却惊异于她的视野狭窄；人们剪掉她的翅膀，却叹息她不会飞翔。[13]

——西蒙娜·波伏娃 《第二性》（Vol.Ⅱ Part.Ⅱ Ch.Ⅹ）

米列娃·马里奇（Mileva Marić，1875—1948），唯一一位在苏黎世联邦理工学院师范部修习数学和物理学的女大学生——在一个多世纪以前，在那个女孩尚未普遍获得接受高等教育权利的年代，仅凭这一个身份，这个塞尔维亚姑娘的未来就足以令人无限遐想……

然而，如同光的行进路径，以数论造诣名垂后世的法国律师费马（Pierre de Fermat, 1607—1665）曾发出由衷感慨：

大自然总是以最短和最简单的路径行动。[14]

宇宙、自然、历史与社会都是以一种最为“省事”的方式运行，就像一束光对最短路径的固执，没有任何商量的余地。一位再有天赋的女大学生，她的“正常”归宿也免不了寄身于柴米油盐之间，在喋喋不休的抱怨中修炼为度日如年的家庭主妇。

像所有流俗的爱情故事那样——在宁静的大学校园里，她与他相遇了，她并不漂亮，甚至是个瘸子，但他迷恋着她的睿智，渴望与她分享自己潜藏心中的志趣。于是在旁观者眼中，一对极不协调的男女走到了一起，教室、实验室、图书馆……出双入对，如影随形。

这并非两束光波在时空的相遇，而是两个刚性球的一次碰撞，交换了动量，也改变了各自的轨迹……

米列娃这个名字最终被写入了历史，但不是以她踏入校园时的初衷。她支付了大学肄业、未婚先孕的代价，她放弃了进军物理的梦想，然而她的出现只是他的传奇的一段小插曲，我们今天记住她，只是因为——米列娃·马里奇-爱因斯坦（Mileva Marić-Einstein），阿尔伯特·爱因斯坦的第一任妻子，汉斯和爱德华的母亲……

我们现在并没有确切的证据表明，物理系肄业的米列娃在狭义相对论的诞生历程中究竟扮演了怎样的角色。但在克拉姆街 49 号狭窄拥挤的小公寓里（Kramgasse 49, Bern），作为小职员的妻子、青年学者的助手、伟大思想的倾听者，米列娃无疑用她的隐忍和智慧陪伴爱因斯坦走过了他一生中最落寞却最辉煌的岁月……

杂然赋流形

天地有正气，杂然赋流形。

——文天祥 《正气歌》

1854年，在高斯的授意下，伯恩哈德·黎曼（Georg Friedrich Bernhard Riemann，1826—1866）在哥廷根大学宣读了《论作为几何基础的假设》（*Ueber die Hypothesen welche der Geometrie zu Grunde liegen*）。尽管黎曼在这次就职演讲中简化了关于"新几何"的大量论证细节，然而除了垂暮的高斯外，几乎没有听众能理解黎曼的言说，间或有人注意到了他描述多维空间的一个新词——"流形"（Mannigfaltigkeit）①……

与"群"（group）、"集合"（set）一样，"流形"参与构成了整个现代数学的基础，而作为一个纯数学概念，"流形"成功杀入物理学领域始于公元1915年。

1905—1915年，又是一个十年。1915年6月28日到7月5日，对物理学久怀"虎狼之心"②的大卫·希尔伯特（David Hilbert，1862—1943）邀请在德语科学界声名鹊起的物理新星访问哥廷根。面对"数学之王"的一番盛情，威廉皇帝物理研究所（Kaiser Wilhelm Institut für Physik）所长、柏林大学教授、普鲁士皇家科学院院士，36岁的爱因斯坦带来了困扰自己十年的思索——惯性系疑难。

十年前，因为狭义相对论，爱因斯坦从老伽利略手上接掌了满载经典物理荣耀的"惯性系号"。但当船长的日子并不轻松。通过狭义相对性原理，牛顿力学规律和麦克斯韦电动力学规律都成为了"惯性系号"上的合法乘员，所谓"合法性"就是指它们凭借各自的"船票"——伽利略变换与洛伦兹变换保持在"船上"的数学形式不变。这一点对物理学家来说可谓性命攸关，一堆处处皆不同的定理或公式

---

① 现代意义上的"流形"定义是赫尔曼·外尔（Hermann Weyl，1885—1995）在《黎曼表面的概念》（*Die Idee der Riemannschen Fläche*，1913）中给出的。在中国科学社1938年出版的《算学名词汇编》中，经江泽涵（1902—1994）先生建议，姜立夫（1890—1978）先生等学者审定，英文manifold和法文variété, multiplicité被汉译为"簇"或"流形"。

② 在1900年题为《数学问题》的演讲中，希尔伯特提出了"物理学公理化"（Mathematische Behandlung der Axiome der Physik），即"希尔伯特第六问题"（Hilberts sechstes Problem）。希尔伯特希望：参照几何学体系，借助公理且运用相同的方法处理物理学。

无异于给物理学判了死刑。

但是，“惯性系号”的航程并不一帆风顺。航向开始变得飘忽不定，新的问题涌现了：离开了惯性系，物理学规律就必须发生变化吗？换句话说，在非惯性系（non-inertial system）中，相对性原理还能保持吗？

等等……

爱因斯坦猛然意识到了一个更严重的问题，这使他感到了恐惧：到底什么是惯性系？为什么只有它在物理学中保持着特殊的地位？难道我们必须以一个“特殊的角度”（即惯性系）来看宇宙？

这个问题，在牛顿力学建立之前，伽利略没有回答；在“以太”或“绝对时空”被清理出物理学之后，牛顿也等于没有回答……

爱因斯坦选择了坚持在狭义相对论中划定的基本航向——相对性原理，所有物理学规律在一切参考系（reference system）——无论惯性系或非惯性系——中都要保持数学形式的不变性，这就是“广义相对性原理”（Principle of General Relativity）。

但是，航海图上标定的航线如何成为事实？——船长陷入了更深入的思考，把物理学规律的相对性从惯性系推广到非惯性系成了摆在面前亟待解决的具体问题。现在，他必须面对非惯性系中的“怪胎”——无源的“惯性力”！比如，在启动或制动的汽车里，那个导致你后仰或前倾的“力”——“来路不明”，却又可以切身感受到它的存在。

焦虑中的船长等来了恩斯特·马赫，老骑士不情愿地拎着一桶水走上了甲板。爱因斯坦注意到，那个水桶正是牛顿的遗物。

导师马赫必须向历史替他选定的接班人传道，虽然他已经开始警惕所谓的“相对论”。毕竟纪元更替后，人们已经把马赫归为“帝国废墟”的守望者之流，当年在牛顿阴影中革故鼎新的豪气早已不能和这些“马赫主义”滋养出的“叛逆”，这些比他自己更像“马赫主义者”的徒众，同日而语。

桶依旧飞速地旋转，水沿着桶壁上升……

引力！——爱因斯坦叫道。

这是一个长期以来被人们忽视的事实：在牛顿力学三定律中，所谓“质量”是指“惯性质量”，是物体抵抗外力加速的度量，也就是“惯性力”的激发荷；在牛顿万有引力定律中，所谓“质量”是指“引力质量”，也就是引力的激发荷。牛顿本人还有厄缶（Loránd Eötvös，1848—1919）的实验已经足以暗示：惯性质量与引力质量相等。而爱因斯坦只需要向前再迈出一小步——惯性力就是引力，两者不可也不必区分——一个人在自由落体时，几乎感受不到自己的重量，这就是“等效原理”或“马赫原理”（Principle of Equivalence or Mach's Principle）。

有了惯性力与引力等效的思想，爱因斯坦就可以重新定义惯性系——引力处处为0的参考系。当然，这种“特殊”的参考系在实际的物理宇宙中并不存在。麦克斯韦方程组可以视为引力极弱时的近似规律，此时引力极弱的参考系就可以近似为惯性系，而在经典力学中作匀加速运动的非惯性系就是局域的均匀“引力场”（gravity field）。狭义相对论之所以止步于惯性系，就是因为忽略了无处不在的万有引力。

那么下面的工作就不言而喻了——“惯性系号”将升级为大舱位的“参考系号”；为了保证“广义相对性原理”所标定的航向，有必要像麦克斯韦创立电磁场方程组那样，为引力建立场方程……

1913年，爱因斯坦与他的大学同学兼至交好友、数学家马塞尔·格罗斯曼（Marcel Grossmann，1878—1936）合作发表了《广义相对论与引力理论提纲》（*Entwurf einer Verallgemeinerten Relativitätstheorie und eine Theorie der Gravitation*）。然而，他们并没有得出恰当的引力场方程，因为他们漏掉了那一张保证数学形式不变的配套“船票”——广义协变（general covariance）。

到1915年7月，爱因斯坦教授期望中的“广义相对论”仍然还未现身……

那么当下工作的重中之重，就是尽快给出引力的场方程，我已经为之奋斗了整整八年！——在哥廷根的讲台上，爱因斯坦教授的字句掷地有声。他陶醉在台下高素质听众经久不息的热烈掌声中，没有注意到希尔伯特平静的脸上一闪而过的坏笑……

这一年的 11 月，爱因斯坦与希尔伯特频繁地通信，“爱因斯坦的奇迹年”似乎再一次降临。

1915 年 11 月 20 日，在不世出的女数学家埃米·诺特（Amalie Emmy Noether，1882—1935）的协助下，数学造诣神鬼莫测的希尔伯特在哥廷根宣布了他于物理学领域突击攻关的重大成果——引力的场方程①。

5 天后的 11 月 25 日，爱因斯坦在普鲁士皇家科学院宣读了他终结“广义相对论”（General Theory of Relativity）的第四篇论文《引力的场方程》（*Die Feldgleichungen der Gravitation*）②——

$$\begin{cases}\dfrac{\partial \Gamma^{\alpha}_{\mu\nu}}{\partial x_{\alpha}}+\Gamma^{\alpha}_{\mu\beta}\Gamma^{\beta}_{\nu\alpha}=-\kappa\left(T_{\mu\nu}-\dfrac{1}{2}g_{\mu\nu}T\right)\\ \sqrt{-g}=1\end{cases}$$

构造引力的场方程③，爱因斯坦用了八年，而希尔伯特只用了几个月。在随后与希尔伯特的通信中，爱因斯坦已经充分表现出了自己的焦虑——在引力这个问题上，历史又一次回到了两个多世纪前，是牛顿对阵胡克，抑或是牛顿对阵莱布尼兹……然而，柏林与哥廷根之间风平浪静，从历史经验中预期的一场恶战并没有发生。

哥廷根外无生活，即使有，亦非如斯。[15]

——哥廷根老市政厅拉丁铭文

① 最终以《物理学的基础》（*Die Grundlagen der Physik*）为题，发表于 1916 年 3 月 31 日，也有观点表示在 1915 年 12 月 6 日的校样中没有场方程。

② 发表于 1915 年 12 月 2 日。

③ 爱因斯坦引力场方程的原始形式引自 1916 年发表于《物理学年鉴》的总结性论文《广义相对论基础》（*Die Grundlage der allgemeinen Relativitätstheorie*）。

哥廷根的“数学之王”延续了他一贯的优雅风格，柏林的爱因斯坦获得了当之无愧的最后荣耀。

对希尔伯特来说，或许哥廷根满街跑的小孩都比爱因斯坦懂4维几何……爱因斯坦默默收下了希尔伯特的调侃，这是他一生中最重要的教训——数学！

早在1907年，爱因斯坦的大学数学老师、希尔伯特的哥廷根同门，赫尔曼·闵可夫斯基（Hermann Minkowski，1864—1909）就为狭义相对论发展出一套基于简洁明快的几何学表述——基于4维时空（4-dimension space-time）的“闵可夫斯基空间”（Minkowski space）。但彼时的爱因斯坦尚对此不以为然，直到在广义相对论的探索中堕入数学深渊后，方才领悟了老师的良苦用心。

无论爱因斯坦愿意与否，数学或者具体到几何学已经深入现代物理学的根基之中。按照相对论的“副产品”，即所谓的“时空观”，闵可夫斯基的4维几何学促成了1维时间与3维空间的融合，给出了一个区别于牛顿力学中“欧几里得空间”（Euclidean space）的宇宙几何形态，但是狭义相对论中的闵可夫斯基空间仍然是一个与物质或引力无关的平直时空，宇宙的“真实”几何形态还得要广义相对论来刻画。

作为等效原理的当然结论，物质激发的引力必然体现为4维时空的弯曲性质，物理世界的物质分布决定了宇宙形态的几何结构。物质与时空构成了广义相对论的主题，而几何学第一次被正式纳入了物理学的范畴。

从此，人类的宇宙图像不再是无限而平直的欧氏空间，星体间巨大的引力表现为时空的弯曲。被分析力学驱逐的几何学，重新以更华丽的姿态回到了理论物理的舞台。爱因斯坦发现，牛顿、拉普拉斯的微分方程不足以揭示宇宙的本质。我们需要把宇宙看作“流形”（manifold），它在局部上还保持着欧氏空间的平直性质。但在整体上，我们需要引入黎曼几何（Riemannian Geometry）来看清引力是怎样让时空变得弯曲的。

启发了20世纪数学，同时也被数学弄得眼花缭乱的爱因斯坦不得不自嘲——自从数学家搞起相对论研究之后，我自己就不再懂它了[①]。

日全食

公元1919年5月29日，列强瓜分中国利益的巴黎和会的硝烟止息后不久，英国皇家天文学会会员、剑桥天文台台长，亚瑟·斯坦利·爱丁顿（Arthur Stanley Eddington，1882—1944）带着一支英国科学考察队在西非的普林西比岛（Principe）架起了望远镜。

这是老练的不列颠科学界打的一次如意算盘：除了指明"乌云"以外，享有两百年盛誉的不列颠科学已经不可避免地在世纪之交的物理学革新浪潮中落于人后了。为了维护百年荣光，英国人不得不"纡尊降贵"，发动人、财、物力，替他们在第一次世界大战中的对手德国，树立新时代物理世界的权威——利用1919年日全食的机会，检验爱因斯坦的广义相对论！

这是一笔极其符合博弈论原则的"买卖"：如果爱因斯坦错了，那么既粉碎了德国人妄图在思想精神上战胜不列颠的险恶用心，更维护了牛顿体系的无上权威；如果爱因斯坦正确，那么这个开启新时代大门的伟大思想无疑是英国人验证的，至少还能获得新物理学圣殿的一席之地。

所谓"引力透镜"（gravitational lens），即大质量天体对时空区域的扭曲导致恒星背景星光的偏折现象，是广义相对论的一个重要预言。经过爱因斯坦计算，太阳对远处星光的偏折角约为1.75″，按照牛顿的光微粒模型与万有引力定律计算的结果约为0.87″。

第一次世界大战结束后，格林尼治皇家天文台台长（Director

① 凡是爱因斯坦在谈论"数学"的时候，都应考虑到"参考系"是牛顿、高斯、黎曼、庞加莱、希尔伯特、闵可夫斯基、诺特、外尔等。

of the Royal Greenwich Observatory）的弗兰克·戴森（Frank Watson Dyson，1868—1939）与剑桥天文台台长爱丁顿组织了两支科学考察队分赴巴西的索布拉尔（Sobral）和西非的普林西比，准备利用日全食食甚期间太阳光被最大限度遮挡的条件拍摄远处的恒星背景，并与太阳离开后同一位置的恒星背景比较，测算出星光的偏离角度。

相较于巴西索布拉尔的风和日丽，身在普林西比的爱丁顿教授几乎陷于了绝望——连绵的阴雨、浓厚的云层！

巧合的是，在下午 2:15，食甚时刻的 5 分钟内，天空奇迹般地放晴了。爱丁顿顾不得欢呼，连忙开始了紧张的拍摄，争分夺秒记录了 16 张照片。因为云层遮挡及胶片受潮膨胀等种种因素干扰，爱丁顿最终获得了两张珍贵的星空底片。

几个月后，两支科学考察队在英国会师，但摆在他们面前的却是又一个诡异的局面：索布拉尔考察队用天体照相仪和光学望远镜得到了两个相差不小的结果——0.93″与 1.98 ± 0.12″；而爱丁顿在普林西比的所得为 1.61 ± 0.30″。

11 月 6 日，他们在皇家学会与皇家天文学会的联席会议上公布了最终结果，保留了 1.98 ± 0.12″与 1.61 ± 0.30″。在今天看来，英国人的观测在原理和操作上都相当不可靠。但这种“不可靠”，却历史性地给予了爱因斯坦走向世俗荣耀的资本——在 1920 年发表的《根据 1919 年 5 月 29 日的日全食观测确定太阳引力场中的光偏折》（*A Determination of the Deflection of Light by the Sun's Gravitational Field, from Observations Made at the Total Eclipse of May 29, 1919*）的结论部分，英国人为爱因斯坦“加冕”：

> 因此，索布拉尔和普林西比的科考结果几乎毋庸置疑地表明，太阳附近发生光偏折，且偏折量符合爱因斯坦广义相对论的要求，可归因于太阳引力场。[16]

柏林，获知确切结果的前夜[①]——

普朗克（疑虑重重地）：阿尔伯特，如果上帝告诉你你错了，怎么办？

爱因斯坦（不假思索地）：那么我会感谢他提出的建议，然后保留我的个人意见，并对他表示悲哀！

上帝死了！——所以，保留意见的只能是牛顿了，但在这场新时代的“加冕礼”中，英国绅士终于挽回了自己的“面子”。

判决结果传到奥地利维也纳，冥思苦想中的犹太青年卡尔·波普尔（Karl Raimund Popper，1902—1994）受到了前所未有的震撼，他相信自己正在体验苏格拉底在德尔斐的铭文下领受的训诫——我只知道自己一无所知！

在《无尽的探索：一部心智的自传》（*Unended Quest: An Intellectual Autobiography*）中，这位批判理性主义（critical-rationalism）的掌门人记录下了这激动人心的一年里他在相对论之外的所得：

> 1919年5月，爱因斯坦的日食预言由两个英国科考队成功检验。伴随这些检验，一个新的引力理论和一个新的宇宙学突然显现，不仅作为一种单纯的可能性，也是对牛顿体系实在的改进——对真相更好的近似……
>
> 因此，到1919年年底，我抵达了结论，科学的态度就是批判的态度，这种态度寻求的不是证实，而是判决性检验；虽然这种检验绝不可能确立理论，但可以反驳被检验的理论。[17]

几乎一夜之间，阿尔伯特·爱因斯坦的名字风靡全球。两千多年来，从来没有一位学者能享有如此超越、如此广泛、如此恒久的知名

① 爱因斯坦从各种渠道获知确切结果早于正式公布。

度。直到今天，你不需要了解洛伦兹变换、光速不变、相对性原理、同时性、等效性原理、引力场方程……这一系列令人摸不着头脑的艰涩概念，但你肯定熟悉这个已融入流行文化的名词组合——

爱因斯坦、相对论、$E = mc^2$

爱因斯坦不再是一个单纯的物理学家，他变成了巨人时代谢幕后，硕果仅存的精神与文化的偶像——偶像，必须面对他的黄昏！

流亡的西西弗斯

西西弗斯沉默的全部快乐就在于此。他的命运是属于他的。他的岩石也是他的。同样，当荒谬的人深思他的痛苦时，一切偶像哑然失声。[18]

——阿尔贝·加缪《西西弗斯神话》

1919年2月14日，情人节，在爱因斯坦走向荣誉巅峰的前夕，苏黎世法庭终结了他与米列娃的离婚诉讼。带着抛妻弃子的恶名，爱因斯坦摆脱了这个“丑陋的女人”，离开了汉斯（Hans Albert Einstein，1904—1973）与爱德华（Eduard Einstein，1910—1965）。

重获“自由”的爱因斯坦再次登上了前往柏林的火车——飞驰的豪华车厢里，他凝神审视着窗外的一草一木，过往的记忆在脑海中飞快地掠过，这是略带留恋的彻底告别，告别最纯粹的恋人，告别最亲密的学术助手，告别克拉姆街49号，告别苏黎世与伯尔尼的日日夜夜，告别稍纵即逝的“奇迹年”……“英雄”静悄悄地回到了柏林，在荣光照耀的前夜，他竟显得那样落寞，像一个漂泊的旅人、一个一无所有的流亡者，神情麻木地穿过熙熙攘攘的街巷，只留下了一个孤独的背影……

人生天地间，忽如远行客。

——《古诗十九首》

1897年5月，尚在苏黎世联邦理工学院读书的爱因斯坦，立下了“重誓”：

我寻求孤独，只为了默默地抱怨它。[19]

带着对孤独的迷恋与抱怨，未来他将从德国走向世界，在身无所寄的漂泊中，步入他的不朽……

崭新的“参考系号”在漫无边际的汪洋里乘风破浪，新船长正凭栏远眺——

因为智慧的戏谑，
西西弗斯，科林斯之王，
必须忍受神祇降下的惩罚。
众神自负于他们的天才，
还有什么，
比永恒的徒劳，
更可怕？
日复一日，年复一年，
一次又一次，
推上山顶的巨石，
沿着同样的路径，
落下。
时间，真的很长，
长到足以令
怨恨，消散；
哀伤，疲劳；

无奈，蒸发

……

你问，

还剩下什么？

满面尘土的王，

拭一把汗，

笑了笑——

是幸福！

注　　释

[1] 此句的原文为：Die ganzen Zahlen hat der liebe Gott gemacht, alles andere ist Menschenwerk.

[2] 此段话的原文为：Nous devons envisager l'état présent de l'univers comme l'effet de son état antérieur, et comme la cause de celui qui va suivre. Une intelligence qui, pour un instant donné, connaîtrait toutes les forces dont la nature est animée et la situation respective des êtres qui la composent, si d'ailleurs elle était assez vaste pour soumettre ces données à l'analyse, embrasserait dans la même formule les mouvements des plus grands corps de l'univers et ceux du plus léger atome: rien ne serait incertain pour elle, et l'avenir, comme le passé, serait présent à ses yeux.

[3] 此段话的原文为：There is nothing new to be discovered in physics now. All that remains is more and more precise measurement.

[4] 此段话的原文为：While it is never safe to affirm that the future of Physical Science has no marvels in store even more astonishing than those of the past, it seems probable that most of the grand underlying principles have been firmly established and that further advances are to be sought chiefly in the rigorous application of these principles to all the phenomena which come under our notice. It is here that the science of measurement shows its importance — where quantitative work is more to be desired than qualitative work. An eminent physicist remarked that the future truths of physical science are to be looked for in the sixth place of decimals.

[5] 此句的原文为：Two small, puzzling clouds remained on the horizon...

[6] 此段话的原文为：The beauty and clearness of the dynamical theory, which asserts heat and light to be modes of motion, is at present obscured by two clouds. Ⅰ. The first came into existence with the undulatory theory of light, and was dealt with by Fresnel and Dr. Thomas Young; it involved the question, How could the earth move through an elastic solid, such as essentially is the luminiferous ether? Ⅱ. The second is the Maxwell-Boltzmann doctrine regarding the partition of energy.

[7] 此句的原文为：La nature ne fait jamais des sauts.

[8] 此段话的原文为：Ich hege nicht den Wunsch, Neuland zu entdecken, sondern lediglich, die bereits bestehenden Fundamente der physikalischen Wissenschaft zu verstehen, vielleicht auch noch zu vertiefen.

[9] 此句的原文为：Ainsi toutes ses misères prouvent sa grandeur. Ce sont misères de grand Seigneur, misères d'un Roi dépossédé.

[10] 此句的原文为：Die Philosophie ist ein Kampf gegen die Verhexung unsres Verstandes durch die Mittel unserer Sprache.

[11] 此句的原文为：Wovon man nicht sprechen kann, darüber muss man schweigen.

[12] 此句的原文为：1:3 And God said, "Let there be light," and there was light.

[13] 此段话的原文为：On enferme la femme dans une cuisine ou dans un boudoir, et on s'étonne que son horizon soit borné; on lui coupe les ailes, et on déplore qu'elle ne sache pas voler.

[14] 此句的原文为：La nature agit toujours par les voies les plus courtes et les plus simples.

[15] 此句的原文为：Extra Gottingam non est vita, si est vita，non est ita.

[16] 此段话的原文为：Thus the results of the expeditions to Sobral and Principe can leave little doubt that a deflection of light takes place in the neighbourhood of sun and that it is of the amount demanded by Einstein's generalised theory of relativity, as attributable to the sun's gravitational field.

[17] 此段话的原文为：In May, 1919, Einstein's eclipse predictions were successfully tested by two British expeditions. With these tests a new theory of gravitation and a new cosmology suddenly appeared, not just as a mere possibility, but as a real improvement on Newton— a better approximation to the truth... Thus I arrived, by the end of 1919, at the conclusion that the scientific attitude was the critical attitude, which did not look for verifications but for crucial tests; tests which could refute the theory tested, though they could never establish it.

[18] 此段话的原文为：Toute la joie silencieuse de Sisyphe est là. Son destin lui

appartient. Son rocher est sa chose. De même, l’homme absurde, quand il contemple son tourment, fait taire toutes les idoles.

[19] 此句的原文为：Ich suche die Einsamkeit, um mich dann still über sie zu beklagen.

尾声　德尔斐的囚徒

雅典，监狱——

苏格拉底看了一眼窗外，看见的是沐浴在朝阳光辉中的雅典——他好像一刻也没有离开过德尔斐的阿波罗神庙。

在这个冰冷的世界上，只有太阳是心胸坦荡的，没有狭隘，没有偏见，它要把温暖不加区别地奉献给整个世界。每一缕阳光无拘无束，它们一往无前地奔向世界的每一个角落，恢宏的神庙、开阔的广场、喧嚣的市集……还有这个阴暗潮湿的囚牢。几束光柱穿过铁窗的间隙投射在牢房的地面上，形成了稀疏的条纹，弥漫在空气中的尘埃在光柱中上下飞舞，就好像被赋予了生命。

苏格拉底笑了。

在漫长的生命岁月里，无所不在的阳光从来没有像这一刻那样真实地存在着，真实到他已经分不清，真实的是世界，还是他自己。那些被阳光亲密拥抱的灵魂，可曾真切体察到了它的存在，就像海中的鱼不知道海，无限虚空下观星的智者却无法用言语定义虚空……

够了，够了，哲人收敛了思路。这一辈子，他思考了太多，而得到的只是妻子的愤怒。他不是没有考虑过放弃，只是在不自觉地对放弃进行思考之后放弃了放弃。思考真是个挥之不去的幽灵，它与妻子的愤怒最终在三段论里变成了一个永不休止的连环。现在，苏格拉底第一次强迫自己终止思考，这也是最后一次，因为连环要在这一天终止，永远地终止。

摒弃思考的苏格拉底凝神注视着眼前的光柱、条纹、尘埃。他就像孩子一样，怀着莫名的喜悦，小心翼翼地伸出手指，试探着触摸这真实的阳光，直到日头偏移，光柱蜷缩到铁窗边上，又倏忽离去……

阴暗重新袭占了囚牢，有生命的尘埃一下子沉默了。苏格拉底笑了，惋惜而不沮丧，遗憾而又满足。

神情各异的学生们从四面八方齐聚囚室来向老师问安，本来就很狭窄的囚室变得十分拥挤。苏格拉底从来不知道自己有这么多追随者，人群中的很多面孔是那样陌生，也许就是市集偶遇的某个路人，但即使是那些经常见面的，除了极个别外，他也叫不出名字。十几双眼睛一瞬不瞬地盯着苏格拉底，倒使他有些不自在。他既不是市政广场上的政客，也不是剧院里的演员，他只在被审判的时候才体验过万众瞩目。

珊西比被送回了家，这是苏格拉底的意愿。他不是不想见妻子，但一想到亏欠她的太多，已经没有办法补偿，不如不见。这个可怜的女人，她的暴虐来自她的不幸，因为她“催产”了一位哲学家。就像往常一样，让她在家里尽情地歇斯底里吧，但愿这是她的最后一次。

学生中发出了轻微的笑声，是因为有人在心里默默感慨：只有哲学家可以为自私提供解释。老师啊，你不愿意在号啕大哭声中告别这个世界吧?

仁慈的惩罚降临，苏格拉底恭顺地接过酒杯，一饮而尽。这是一种慢性毒药，药性发散缓慢，缓慢得就像临死前流逝的时间本身。苏格拉底一面擦拭嘴角，一面示意静立身旁的斐多。斐多会意，从怀中取出莎草纸与炭笔，学生们知道最后一课开始了。

应学生们的要求，这一课的主题十分应景——生与死。这是一个不得不谈的话题，刚体验过生的婴孩没法言说，已死去灵魂的呼喊我们又听不见，只有苏格拉底，这个即将走向死亡的哲人才能够向世人阐明……

对人来说，黄昏比子夜更有资格作为漫长一天的尽头。雅典的黄昏，也是德尔斐的黄昏，太阳即将收敛温暖与光芒沉寂到广阔海面下的深渊。毒酒的药性开始发作了，死亡的脚步加快了。囚室内激烈的争论戛然而止，苏格拉底躺下了。学生们拼命挤到床前，如果知识是美味，他们此刻就像贪婪的野兽。老师凌厉的反诘变成了含混的絮叨，学生们埋头苦记，生怕漏掉了一个音节。

苏格拉底感到极度虚弱，但头脑却分外清晰。现在他站到了生与死的门槛，越过了漫长时间构筑起的屏障，于是他决定重复法庭上徒劳的申辩，向后世一代又一代在宇宙中安放心灵的子孙发出呼喊：

未经省思的生活不值得过！[1]

注　释

[1] 该句的原文为：ὁ δὲ ἀνεξέταστος βίος οὐ βιωτὸς ἀνθρώπῳ.

延伸阅读书目[①]

① 延伸阅读书目不包括正文中介绍或引述的原始文献。

哲学史与思想史类：

A.E.McGrath. 1998. Science and Religion: An Introduction. New York: Wiley-Blackwell.

B.Russell. 1945. A History of Western Philosophy and Its Connection with Political and Social Circumstances from the Earliest Times to the Present Day. New York: Simon and Schuster.

F.Thilly.1914. A History of Philosophy. New York: Henry Holt and Co.

T.Rockmore. 2006. In Kant's Wake: Philosophy in the Twentieth Century. Boston: Blackwell Publishing Ltd.

北京大学哲学系外国哲学史教研室 . 1982. 西方哲学原著选读 . 北京：商务印书馆 .

洪谦 . 1999. 论逻辑经验主义 . 北京：商务印书馆 .

汤姆 · 洛克摩尔 . 2010. 在康德的唤醒下：20 世纪西方哲学 . 徐向东，译 . 北京：北京大学出版社 .

科学史与科学哲学类：

E. Schrödinger. 1954. Nature and the Greeks. Cambridge: Cambridge University Press.

G. Sarton. 1952. A History of Science: Ancient Science through the Golden Age of Greece. Cambridge: Harvard University Press.

G. Sarton. 1959. A History of Science: Hellenistic Science and Culture in the Last Three Centuries B.C. Cambridge: Harvard University Press.

L. N. Cooper. 1968. An introduction to the meaning and structure of physics. New York: Harper & Row Publishing Inc.

M. Feingold. 2004. The Newtonian Moment: Isaac Newton and the Making of Modern Culture. New York: Oxford University Press.

T. S. Kuhn. 1957. The Copernican Revolution: Planetary Astronomy in the Development of Western Thought. Cambridge: Harvard University Press.

T. S. Kuhn. 1962. The Structure of Scientific Revolutions. Chicago: The University of Chicago Press.

曹则贤 . 2016. 一念非凡：科学巨擘是怎样炼成的 . 北京：外语教学与研究出版社 .

陈秉乾，舒幼生，胡望雨 . 2001. 电磁学专题研究 . 北京：高等教育出版社 .

广重彻 . 1988. 物理学史 . 李醒民，译 . 北京：求实出版社 .

金尚年 . 2007. 量子力学的物理基础和哲学背景 . 上海：复旦大学出版社 .

库柏 . 1984. 物理世界 . 杨基方，汲长松，译 . 北京：海洋出版社 .

李文林 . 2011. 数学史概论 . 北京：高等教育出版社 .

赵凯华 . 1991. 定性与半定量物理学 . 北京：高等教育出版社.